Renate Kostrzewa · Die Alken des Nordatlantiks

W0325484

Sammlung Vogelkunde im AULA-Verlag

Wissenschaftlicher Beirat
Prof. Dr. Hans-Heiner Bergmann
Dr. Einhard Bezzel
Dr. Bernd Nicolai
Prof. Dr. Ellen Thaler

Bereits erschienen

Der Turmfalke
Renate Kostrzewa/Achim Kostrzewa

Der Buchfink
Hans-Heiner Bergmann

Die Schleiereule
Thomas Brandt/Christian Seebaß

Der Waldrapp
Karin Pegoraro

Der Hausrotschwanz
Armin Landmann

Das Braunkehlchen
Anita und Hans-Valentin Bastian

Der Kiebitz
Gerhard Kooiker/Claudia Verena Buckow

Das Blaukehlchen
Dieter Franz

Weitere Titel in Planung und Vorbereitung:

Brandente, Elster, Gänsesäger, Goldhähnchen, Großbrachvogel, Kuckuck, Lachmöwe, Orpheus- und Gelbspötter, Pirol, Rotkehlchen, Sperlinge, Wasseramsel, Wasserpieper.

Die Reihe wird fortgesetzt

6 E

Renate Kostrzewa

Die Alken des Nordatlantiks

Mit 49 s/w- und
10 Farbabbildungen

Vergleichende Brutökologie einer Seevogelgruppe

AULA-Verlag Wiesbaden

Dr. Renate Kostrzewa
Postfach 1209
53904 Zülpich

Die Deutsche Bibliothek — CIP-Einheitsaufnahme

Kostrzewa, Renate:
Die Alken des Nordatlantiks : vergleichende Brutökologie einer Seevogelgruppe / Renate Kostrzewa. – Wiesbaden : Aula-Verl., 1998
(Sammlung Vogelkunde im Aula-Verlag)
ISBN 3-89104-619-7

© 1998, AULA-Verlag GmbH, Verlag für Wissenschaft und Forschung, Wiesbaden

Das Werk ist einschließlich aller seiner Teile urheberrechtlich geschützt. Jede Verwertung außerhalb der engen Grenzen des Urheberrechtsgesetzes ist ohne Zustimmung des Verlages unzulässig und strafbar. Dies gilt insbesondere für Vervielfältigungen auf fotomechanischem Wege (Fotokopie, Mikrokopie), Übersetzungen, Mikroverfilmungen und die Einspeicherung und Verarbeitung in elektronischen Systemen.

Fotos: A. Kostrzewa
Zeichnungen: Friedhelm Weick
Umschlag: Klaus Neumann, Umschlagsfoto: A. Kostrzewa
Lektorat und Satz: B. Thiesmeier (Laurenti Verlagsservice)
Druck und Verarbeitung: Druckerei Fritz Hartmann, Ahaus
Printed in Germany/Imprimé en Allemagne

ISBN 3-89104-619-7

Inhalt

Vorwort

Die Familie der Alken hat schon viele Naturforscher in ihren Bann gezogen. Die beiden klassischen Monographien von FINN SALOMONSEN (1944) „The Atlantic Alcidae“ und N. KARTASCHEW (1960) „Die Alkenvögel des Nordatlantiks“ sind beide wissenschaftlich veraltet. Sehr detaillierte Einblicke gibt die umfangreiche, englischsprachige Monographie von DAVID NETTLESHIP und TIM BIRKHEAD (1985): „The Atlantic Alcidae“.

In den letzten 10 Jahren hat die Seevogel-, besonders aber die Alken- und Pinguinökologie zu einem Boom von wissenschaftlichen Veröffentlichungen geführt. Viele Biologen, auch Meeres- oder Fischereibiologen, beschäftigen sich mittlerweile mit der Nahrungsbiologie von Meeresvögeln und den daraus resultierenden energetischen Fragestellungen. Sogar der Krabbentaucher, über den lange nur wenig bekannt war, ist zwischenzeitlich näher untersucht.

Da die vorliegende Reihe nur begrenzten Druckraum bietet, ist dieses Buch eine aktuelle Forschungsübersicht und Ergänzung zur Monographie von NETTLESHIP & BIRKHEAD (1985) und den Handbuchartikeln in GLUTZ & BAUER (1982), CRAMP (1985), FLINT & GOLOVKIN (1994) und DEL HOYO et al. (1996). Um dieses Buch auch als Nachschlagewerk benutzen zu können, wurden an wichtigen Stellen Vergleiche mit anderen Arten *vorgezogen*, auch wenn die Artbeschreibung erst später erfolgt. Obwohl für lineares Lesen gedacht, ist aus Platzmangel die Redundanz gering oder an den entsprechenden Stellen sind Verweise eingefügt.

Nach dem allgemeinen Überblick, werden in Kap. 2 die Evolution der gesamten Alkenfamilie (heute noch 22 lebende Arten) und ihre verwandtschaftlichen Beziehungen untereinander beleuchtet, um die sechs nordatlantischen Alkenarten in ihrem evolutionsbiologischen Beziehungsgefüge darzustellen. Kapitel 3 gibt die wesentlichen monographischen Fakten der nordatlantischen Alkenarten. Um das Nachschlagen zu erleichtern, sind die Überschriften der Artkapitel immer gleich strukturiert: Verbreitung und Bestand, Trends, Mortalität, Bruthabitat, Jahreszyklus, Nahrung, Energetik, Jugendentwicklung, Bruterfolg und abschließend kurz ihr Verhalten am Brutplatz. Abweichend von der gängigen Systematik wurde der Papageitaucher vorgezogen, weil er der bekannteste Alk und der Liebling vieler reisebegeisterter Ornithologen ist, zumal sein interessantes Sozialverhalten an vielen für uns touristisch nahe gelegenen Koloniestandorten sehr gut beobachtet werden kann. Ein Schwerpunkt liegt im ökologischen Vergleich der Arten (Kap. 4). Im Hinblick auf die Gefährdung der Alken durch Überfischung der Kleinfischbestände sind besonders die Nahrungsökologie und hier energetische Gesichtspunkte bedeutsam (Kap. 5). Da die nordatlantischen Alken bis heute zahlreichen Gefahren ausgesetzt sind, die in Kap. 6 diskutiert werden, kommt dem Naturschutz gerade in den arktischen Küstengebieten große Bedeutung zu.

Einige persönliche Anmerkungen

Meine wissenschaftliche Arbeit galt lange Jahre den Greifvögeln. Doch wenn die Freilandarbeiten im Sommer abgeschlossen waren, ging es in den letzten 18 Jahren vermehrt zu den Seevögeln in den Norden. Allein schon die enorme Anzahl der Individuen innerhalb einer Seevogelkolonie an einer Steilklippe oder auf einer abgelegenen Insel ist faszinierend, der ohrenbetäubende Lärm und strenge Geruch überwältigend. Da man Tierökologie nicht (nur) am Schreibtisch machen kann, besuchte ich zusammen mit meinem Mann auf zahlreichen Reisen alle wichtigen Kolonien in Großbritannien (KOSTRZEWA & KOSTRZEWA 1994), Irland und Norwegen, um die Vögel in ihrem Lebensraum zu erleben.

Eigene Alkenbeobachtungen (vgl. Kap. 7) waren besonders auf den Vogelinseln Skokholm und Skomer vor Südwales, auf den Farne Islands und Bempton Cliffs in England, der Isle of May, Fowlsheugh und Handa in Schottland, Marwick Head auf den Orkney-Inseln, Hermaness und Noss auf den Shetland-Inseln sowie Runde, Lofoten/Vesteralen und Hornøya in Nordnorwegen ergiebig.

Oft hatten wir das Glück, vor Ort Einblicke in die Forschungsarbeiten von Kollegen zu erhalten. Bei mehreren, jeweils wöchentlichen Aufenthalten auf Skomer und Skokholm konnten wir in unterschiedlichen Phasen der Brutzeit die Tagesaktivität von Trottellumme, Tordalk und Papageitaucher verfolgen.

Um ein tieferes Verständnis in die Ökologie der Seevögel zu erlangen, sind wir seit 1990 auch zu pazifischen Kolonien vor den Küsten Alaskas und Westkanadas und in die Subantarktis und Antarktis gereist. Letzteres hat seinen Niederschlag im Reise- und Naturkundeteil von „Antarktis. C. J. Bucher-Verlag, München (1994)“ gefunden. Die Pinguinbeobachtungen in den großen Kolonien waren faszinierend und brachten mir den Vergleich mit den Alken, ihrem ökologischen Gegenstück auf der Nordhalbkugel, näher.

RENATE KOSTRZEWA, Zülpich, Oktober 1997

Danksagung

Während ich dieses Buch schrieb, habe ich vielfältige Hilfe von Einzelpersonen und Institutionen erfahren. Mein Dank gilt besonders STEFANIE RICK, die mich bei der Literatursuche im Museum Alexander Koenig in Bonn sehr unterstützte. Mit spezieller Literatur versorgten mich TYCHO ANKER-NILSSEN (Norwegian Institute for Nature Research, Trondheim), PETER BECKER (Vogelwarte Helgoland), ARNBÓR GARDARSSON (Institute of Biology, Reykjavik), KAJ KAMPP (Zoologisches Museum, Kopenhagen), AEVAR PETERSEN (Icelandic Institute of Natural History, Reykjavik), ANDREA WEVERS (Univ. Köln), RORY P. WILSON (Univ. Kiel) und JOHN A. WIENS (Univ. Fort Collins, USA). EINHARD BEZZEL gab einige wertvolle Hinweise zum Problemkreis Nesthocker — Nestflüchter. PETER BECKER und BORIS CULIK (Univ. Kiel) lasen das Manuskript kritisch und gaben wichtige Hinweise. FRIEDHELM WEICK steuerte die Zeichnungen bei. HORST STADELMAYER erstellte die Grundlage für die Verbreitungskarten. Ich möchte mich bei meinem Mann ACHIM KOSTRZEWA besonders bedanken, der entgegen der ursprünglichen Planung nicht die Zeit fand, an diesem Buch mitzuschreiben, aber immer reges Interesse am Fortgang der Arbeit zeigte und ein offenes Ohr für Diskussionen hatte. Er sah den ganzen Text kritisch durch, lieferte die Fotos und Vorlagen für die Zeichnungen und fertigte die meisten Abbildungen an.

1 Alken im Überblick

1.1 Was sind Seevögel?

Unter „Seevögel" werden verschiedene Vogelfamilien mit insgesamt 275 Arten zusammengefaßt (LLOYD et al. 1991), die ihre Nahrung draußen im Meer suchen. Sie sind nicht so bunt wie viele „Landvögel" gefärbt. Ihr Gefieder ist unscheinbar schwarz, weiß, grau bis braun. Der Größenunterschied der Geschlechter (= Sexualdimorphismus) ist wenig ausgeprägt. 98 % der Seevögel brüten meist dicht gedrängt in Kolonien* von bis zu vielen tausenden, ja hunderttausenden Vögeln (FURNESS & MONAGHAN 1987), denn die Zahl der Brutplätze auf Meeresinseln oder an der Küste ist gegenüber der Weite der Ozeane begrenzt. Die meisten leben monogam. Bei Seevögeln ist die Überlebensrate der geschlechtsreifen (= adulten) Vögel sehr hoch, ihre jährliche Reproduktionsrate dagegen sehr niedrig. Die Zeitspanne von der Nestlingszeit bis zum Erreichen der Geschlechtsreife ist lang.

Die nordatlantischen Alken brüten erstmals mit drei bis fünf Jahren und ziehen dann nur ein Junges pro Jahr auf. Eine Ausnahme macht die Gryllteiste (*Cepphus grylle*), die zwei Junge hat. Während die Überlebensrate der Jungen bis zur Geschlechtsreife nur 30 % beträgt, ist die der Adulten mit 90 % sehr hoch. Alken können 20 Jahre, manche sogar bis 40 Jahre alt werden (FREETHY 1987).

---

* In Übereinstimmung mit KUSHLAN (1986) wird der Begriff „Kolonie" nur für die Aggregation von Seevogelbrutplätzen (verschiedener Arten) benutzt. Im Unterschied dazu bezeichnet „Koloniestandort" einen geographisch definierten Platz.

Seevögel sind für ihr Leben auf dem Meer hochspezialisiert. Generell lassen sich zwei Anpassungstypen unterscheiden (nach CRAMP et al. 1974):

1. Im Luftraum über dem Meer lebende Seevögel wie Seeschwalben und Eissturmvögel sind hervorragende Segler mit langen, spitzen Flügeln und schmalen, zarten Beinen, um Masse einzusparen und schwimmen eher weniger.
2. Hauptsächlich auf der Wasseroberfläche schwimmende Seevögel — hierzu gehören alle Alken — bewegen sich mit ihren kurzen und kräftigen Beinen zum Tauchen unter Wasser fort, wobei die Flügel mitbenutzt werden. Man nennt sie daher auch Flügeltaucher. Sie fliegen eher weniger (vgl. Kap. 4.1.1).

   Die hochspezialisierten Pinguine sind so gut an das Schwimmen und Tauchen angepaßt (vgl. Kap. 1.3 und 4.1.1), daß sie nicht mehr flugfähig sind.

1.2 Die Alken

In den kühlen, borealen bis zu den kalten, arktischen Gewässern des Nordatlantiks (siehe Abb. 1.1) sind sechs Alkenarten, nämlich Papageitaucher (*Fratercula arctica*), Tordalk (*Alca torda*), Trottellumme (*Uria aalge*), Dickschnabellumme (*Uria lomvia*), Krabbentaucher (*Alle alle*) und Gryllteiste (*Cepphus grylle*) verbreitet. Die im Buch genannten Koloniestandorte sind in Abb. 1.1 und 1.2 verzeichnet.

Zum Brüten kommen die Alken an die Steilklippen des Festlandes oder auf abgelegene Inseln. Hier bilden sie innerhalb einer Seevogelgemeinschaft große Kolonien. Da gute Brutplätze rar sind und einen limitierenden Faktor darstellen (vgl. Kap. 4), drängen sich viele Seevogelarten auf kleinem Raum zusammen. Trottellummen und Tordalken teilen sich schmale Felssimse und brüten oft in gemischten Kolonien. Aber auch Seevögel anderer Familien wie Eissturmvögel (*Fulmarus glacialis*), Krähenscharben (*Phalacrocorax aristotelis*), Baßtölpel (*Sula bassana*), Dreizehenmöwen (*Rissa tridactyla*), Sturmschwalben (*Hydrobates pelagicus*) und Schwarzschnabel-Sturmtaucher (*Puffinus puffinus*) treffen zur Brutzeit in den Koloniestandorten ein. Jede Art sucht sich am Vogelfelsen die ihr zusagende ökologische Nische als Nistplatz. Gryllteisten und Krähenscharben brüten am Fuß der Klippe, Trottellummen, Tordalken und Dreizehenmöwen in der Steilwand, während Papageitaucher und Baßtölpel die flacheren, oberen Hangbereiche bevorzugen (Abb. 1.3). Außer einem Brutplatz benötigen sie

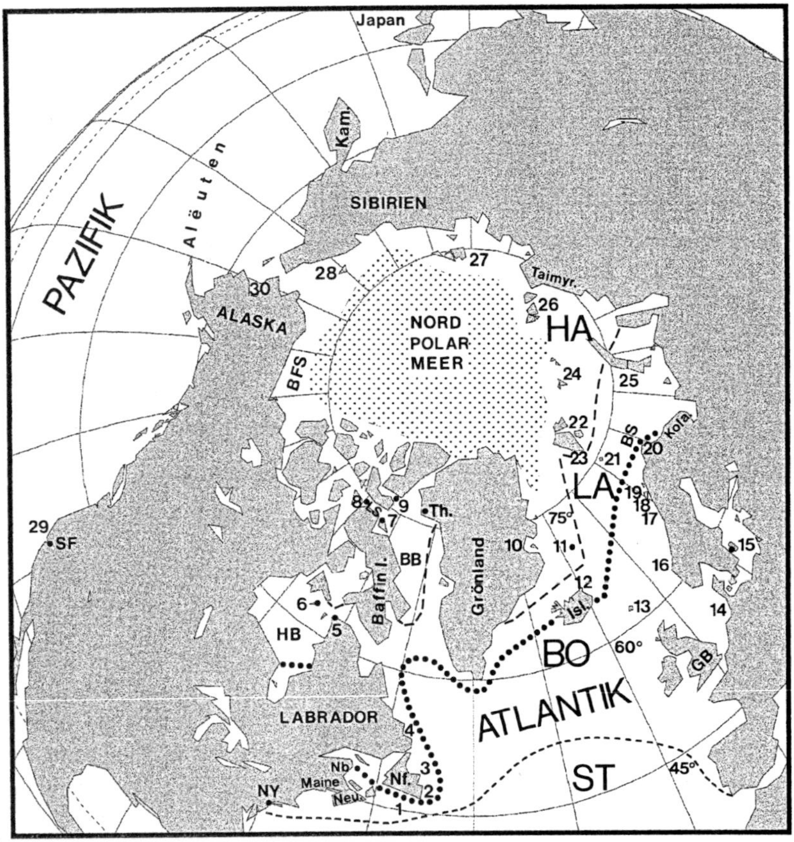

Abb. 1.1: Koloniestandorte im Nordatlantik einschließlich des Nordpolarmeeres (grobes Punktraster: Eisbedeckung im Sommer) und im Nordpazifik. Die ozeanographische Einteilung des Nordatlantiks erfolgt in vier Meereszonen: HA - Hocharktisch, im Winter meist vereist unter Einschluß der permanenten Eisbedekkung. LA - Subarktisch, die südliche Grenze dieses Gebietes entspricht der äußersten Treibeisgrenze. BO - Boreal, die boreale Zone ist auf der europäischen Seite durch den Golfstrom weit nach Norden verschoben. ST - Subtropisch, kühl. Auch diese Zone ist in ihrem östlichen Bereich durch den Golfstrom nach Norden verschoben. Diese Einteilung ergibt sich hauptsächlich durch die Oberflächentemperatur des wärmsten Monats (August) und die Salinität (wie in SALOMONSON 1965 und NETTLESHIP & EVANS 1985).
Meeresteile: BB - Baffin Bay, BFS - Beaufortsee, BS - Barentsee, HB - Hudson Bay, LS - Lancaster Sound; Städte: NY - New York, SF - San Franzisco, Th - Thule; Landschaftsteile: Kam. - Kamschatka, Kola - Kola-Halbinsel, NB - New Brunswick, Nf. - Neufundland, Neu. - Nova Scotia, Taimyr - Taimyr-Halbinsel

1 - Grand Banks
2 - Great Island
3 - Funk Island
4 - Gannet Islands
5 - Digges Island
6 - Coats Island
7 - Cape Hay
8 - Prince Leopold Isl.
9 - Coburg Island
10 - Scoresby Sound
11 - Jan Mayen
12 - Grimsey
13 - Färöer-Inseln
14 - Helgoland
15 - Stora Karlsø (Gotland)
16 - Runde
17 - Lovunden
18 - Røst-Archipel
19 - Bleiksøya (Lofoten)
20 - Reinøya/ Hornøya
21 - Bäreninsel
22 - Spitzbergen
23 - Hornsund
24 - Franz-Josef-Land
25 - Nowaja Semlja
26 - Serwernaja Semlja
27 - Neusibirische I.
28 - Wrangel-I.
29 - Farallon I.
30 - Norton Sound

31 - Lundy
32 - Skokholm
33 - Grassholm
34 - Skomer
35 - Anglesey
36 - Skye
37 - St. Kilda-I.
38 - Handa
39 - Sule Skerry
40 - Dunnet Head
41 - Hoy (Orkney)
42 - Marwick Head (Orkney)
43 - Foula
44 - Hermaness (Shetland)
45 - Noss (Shetland)
46 - Fair Isle
47 - Duncansby Head
48 - Fowlsheugh
49 - Isle of May
50 - Farne Islands
51 - Bempton Cliffs

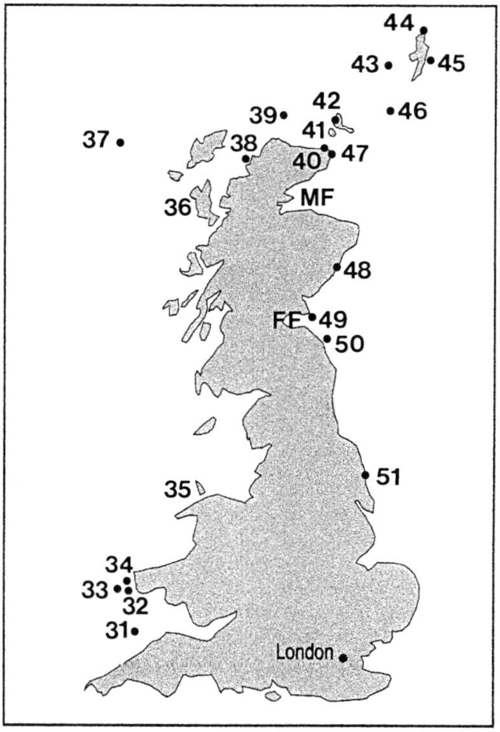

Abb. 1.2: Koloniestandorte in Großbritannien. MF – Moray Firth, FF – Firth of Forth.

ein ausreichendes Nahrungsangebot, um ihre Jungen großziehen zu können. Dort, wo sich kaltes Wasser vom Nordpolarmeer mit wärmerem Wasser des Atlantiks vermischt, ist die Planktonproduktion besonders hoch und der Fischreichtum groß. Hier konzentrieren sich die Populationen der nordatlantischen Alken (NETTLESHIP & EVANS 1985).

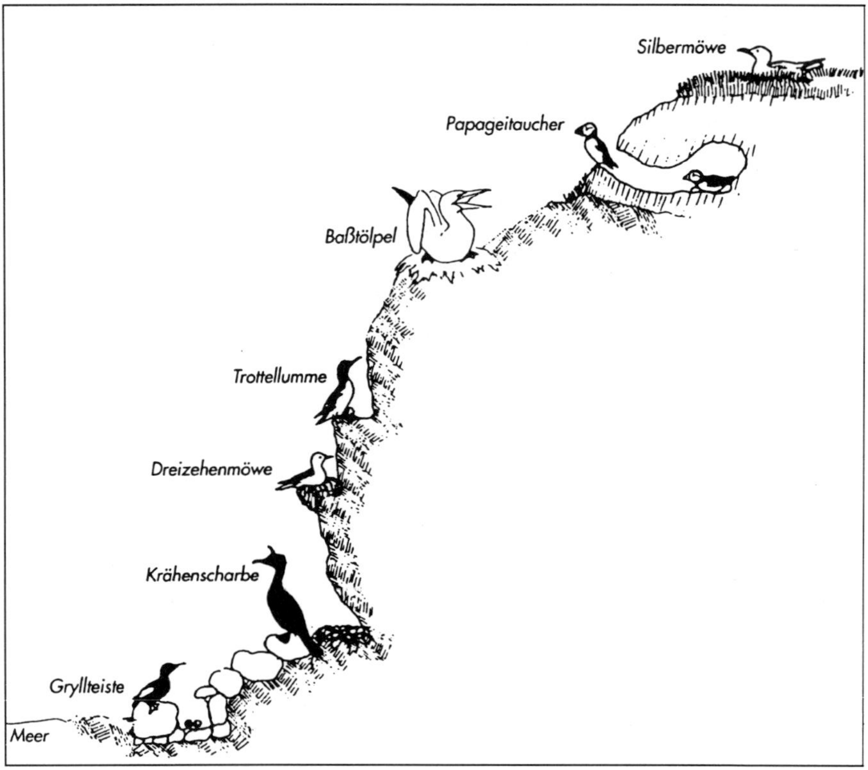

Abb. 1.3: Brutplatztypen am Vogelfelsen (aus KOSTRZEWA & KOSTRZEWA 1994).

Im Winter leben sie mit Ausnahme des Papageitauchers ebenfalls in größeren Gruppen zusammen und halten sich meist in seichten Meeresgebieten in Landnähe auf (EVANS & NETTLESHIP 1985). Je südlicher die Koloniestandorte liegen, desto eher kehren die Brutpaare zurück. Auf der Isle of May/Schottland besetzen Trottellummen ihre späteren Brutreviere schon wieder ab Oktober (HARRIS & WANLESS 1990).

1.3 Die Alken — Pinguine des Nordens

Ökologisches Gegenstück zu den Alken, die ausschließlich auf der Nordhalbkugel leben, sind die flugunfähigen Pinguine auf der Südhalbkugel.

Beide Familien sind durch die 5.000 km breiten tropischen Meere getrennt und nicht näher miteinander verwandt. Ihr morphologisches Erscheinungsbild ist sehr ähnlich; die Alken sind schwarzweiß wie ihre „befrackten Kollegen“ im Süden und stehen aufrecht (vgl. Abb. 1.4). Beide Familien haben ein kurzes, enganliegendes Gefieder, wenn auch die Federn bei den Pinguinen noch weiter modifiziert sind. Zur Wärmeisolation bedecken schwarzgraue Dunen den ganzen Körper. Außerdem ist die Federdichte mit 12 Federn pro Quadratzentimeter bei Pinguinen und Alken doppelt so hoch wie z.B. bei Möwen (CULIK & WILSON 1993, KARTASCHEW 1960). Die Flügel sind für die Fortbewegung unter Wasser umgebildet worden (= Flügeltaucher). Die flugfähigen Alken haben stark verkürzte Arm- und besonders Handschwingen (KARTASCHEW 1960). Perfekt an das „Unterwasserfliegen“ sind die zu schmalen, flachen, kurzen und steifen Rudern umgebildeten Flügel des Pinguins, die den Flossen von Delphinen (= Flipper) ähnlicher als den Vogelschwingen sind (vgl. Kap. 4.1.1).

Die größte Ähnlichkeit haben die Pinguine zum heute ausgestorbenen, flugunfähigen Riesenalk (*Pinguinus impennis*). Dies erkannten schon die mittelalterlichen Seefahrer. Als sie bei ihren Entdeckungsfahrten über die Weltmeere 1487/88 und 1497/98 am Kap der Guten Hoffnung/Südafrika die ersten Pinguine sahen, verglichen sie diese sogleich mit dem Riesenalk (DEL HOYO et al. 1992). Riesenalken waren nämlich bis zum 18. Jahrhundert so häufig, daß sie einen begehrten Reiseproviant darstellten oder z.B.

Abb. 1.4: Größenvergleich: links Trottellumme (42 cm hoch, 1 kg schwer), rechts Adeliepinguin (53 cm hoch, 4,5 kg schwer). Zeichnung F. WEICK.

an den Grand Banks/Neufundland als Navigationsmarkierungen angesehen werden konnten, um sicher die Sandbänke zu umschiffen (NETTLESHIP & EVANS 1985).

Alken und Pinguine haben unter ähnlichen Lebensbedingungen viele Gemeinsamkeiten entwickelt (= konvergente Evolution, wie Flügeltauchen und Jagd unter Wasser), doch auch eine Reihe eigener Entwicklungswege beschritten (Flugunfähigkeit bei Pinguinen). Beide Gruppen sind optimal an ihren jeweiligen Lebensraum angepaßt. Die kleineren, dafür aber flugfähigen Alken könnten die extremen Klimabedingungen, unter denen Adelie- und Kaiserpinguine im antarktischen Eis noch brüten, energetisch kaum bewältigen. Für die flugunfähigen Pinguine wäre dagegen eine Landung an den schroffen Felsen vieler Inseln im Norden nicht möglich. Als Bodenbrüter müßten sie aber große Verluste durch Ratten und arktische Räuber wie Eisfüchse (*Alopex lagopus*) und Eisbären (*Thalassarctos maritimus*) hinnehmen.

1.4 Bestand, Trends und Probleme beim Zählen

Tabelle 1.1 gibt einen Überblick über die Bestandsgrößen der heutigen Brutpopulationen der Alken im Nordatlantik, zu dem nach ERNST NEEF (1977) auch das Nordpolarmeer gerechnet wird. Die nur in der Arktis brütenden Krabbentaucher bilden so große Kolonien, daß sie mit 12 Millionen Brutpaaren zu den häufigsten Alken zählen. An den europäischen

Tab. 1.1: Brutbestand der Alken im Nordatlantik (Mittelwerte in Mio. Paare). *Daten nach EVANS & NETTLESHIP (1985: 431); Untersuchungen unterschiedlicher Zeiträume wurden zusammengefaßt, das früheste und späteste Untersuchungsjahr ist jeweils angegeben. ** Daten nach LLOYD et al. (1991: Tab. 1), Europa bedeutet ohne ehem. UdSSR, Svalbard, Jan Mayen und Grönland. Die Paarzahlen wurden von LLOYD et al. mit Hilfe eines Korrekturfaktors aus Individuenzahlen geschätzt.

Art	**im Nordatlantik***	**Schwankungsbereich**	**in Europa** (1985–87)**
Krabbentaucher	12,0	8,0–18,0 (1936–83)	–
Dickschnabellumme	6,8	4,9– 7,5 (1936–84)	–
Papageitaucher	5,8	3,8– 8,2 (1900–84)	6,89
Trottellumme	4,0	3,0– 4,5 (1954–83)	3,0
Tordalk	0,7	0,3– 1,2 (1965–83)	0,61
Gryllteiste	0,3	0,2– 0,35 (1950–83)	0,1

Küsten, besonders der Britischen Inseln und Norwegens, sind dagegen Papageitaucher am zahlreichsten. Gryllteisten haben im Nordatlantik mit 300.000 Paaren insgesamt den kleinsten Brutbestand, obwohl sie von der borealen bis zur arktischen Zone ein großes Verbreitungsgebiet (Abb. 3.27) haben.

Seevogelzählungen bereiten große Schwierigkeiten, gleich ob Brutpaare oder Individuen erfaßt werden sollen. Die Probleme diskutieren u. a. CLARE LLOYD et al. (1991) und MIKE HARRIS (1984: Kap. 4, 1989) und werden hier nur kurz angerissen. Um Vergleiche mit anderen Koloniestandorten zu ziehen oder Bestandstrends zu ermitteln, werden standardisierte Methoden benötigt: Zur Brutzeit zählt man Seevögel in bestimmten Probeflächen oder Transekten entweder von Fotografien (NELSON 1978) oder von einem Schiff aus (TASKER et al. 1984) und errechnet nach diesen Ergebnissen einen Schätzwert für den gesamten Koloniestandort hoch.

Alken bereiten besondere Schwierigkeiten. Die Zahl der Trottellummen schwankt beispielsweise mit der Tages- und Jahreszeit, mit dem Wetter und der Tide schon innerhalb eines Koloniestandortes (SLATER 1980) sehr stark. Außerdem sind die Brutplätze der Trottellummen, Tordalken und besonders der Gryllteisten sehr schlecht einsehbar, zumal diese Alkenarten keine Nester bauen. Gezählt werden somit Individuen, denn zwischen Brutvögeln, Nichtbrütern und Halbstarken kann nicht unterschieden werden (LLOYD et al. 1991). Rückschlüsse auf die Anzahl der Brutpaare sind nur in einer sehr zeitaufwendigen Methode mit Hilfe eines Korrekturfaktors möglich, der auf einer oder auf mehreren Probeflächen ermittelt wird: Die Zahl der bekannten Brutpaare dividiert durch die gezählten Individuen in derselben Probefläche (BIRKHEAD 1978).

Die Brutpaare der Papageitaucher werden auf bestimmten Transekten anhand der besetzten Baue gezählt (HARRIS 1984), die sich durch Kotspuren, Eischalenreste oder Nahrungsfische im Höhleneingang von unbesetzten Bauen sicher unterscheiden lassen. Schwierigkeiten ergeben sich in gemischten Kolonien, in denen z.B. auf Skokholm Papageitaucher zusammen mit den nachtaktiven Schwarzschnabel-Sturmtauchern brüten.

Die Bestandsangaben sind also keine exakten Brutpaarzahlen, sondern gute Schätzungen mit allerdings potentiell großen Abweichungen nach oben und unten. Dennoch spiegeln sie die Größenordnungen und Bestandsverhältnisse der Seevogelarten untereinander wider.

Noch größere Schwierigkeiten bereiten Angaben langfristiger Bestandstrends, denn historische Quellen weisen meist nur fragmentarische Daten aus. DAVID NETTLESHIP & PETER EVANS (1985) ziehen daher den vorsichtigen Schluß, daß die Alken im 17. und 18. Jahrhundert viel zahlreicher waren, dann aber ab dem 19. bis zur Mitte des 20. Jahrhunderts starke Bestandsabnahmen durch menschliche Verfolgung (siehe Kap. 6.1) hinnehmen mußten, ähnlich wie die Greifvögel (BIJLEVELD 1974).

Selbst wenn heute wieder einige Kolonien Zunahmen zeigen, ist der frühere Bestand längst nicht erreicht (siehe Artkapitel).

Der gerade erschienene Atlas der europäischen Brutvögel (HAGEMEIJER & BLAIR 1997) macht ein weiteres Problem deutlich, nämlich das der Verbreitungskarten. Obwohl 1997 erschienen, konnte aus technischen Gründen der ganz aktuelle Stand der Alkenliteratur nicht mehr berücksichtigt werden. Die dort verwendeten Daten stammen aus dem Zeitraum von 1970–90. Meine Verbreitungskarten berücksichtigen nicht nur ein wesentlich größeres Gebiet, sondern sind auch unter Einbezug von neuen Standardwerken wie FLINT & GOLOVKIN (1994) oder DEL HOYO et al. (1996) aktueller, dafür aber nicht (semi)quantitativ. Ein Beispiel soll das verdeutlichen: Im Atlas der europäischen Brutvögel werden für Galicien/Spanien bei der Trottellumme sechs Koloniestandorte von 100–999 Paaren angegeben; DAVID NETTLESHIP (in DEL HOYO et al. 1996) reduziert dies für 1991 auf nur noch 6–10 Paare. Außerdem gibt der Europäische Atlas keine Daten für die Insel Nowaja Semlja an, diese wurden dem aktuellen russischen Handbuch entnommen (FLINT & GOLOVKIN 1994).

So können auch Verbreitungskarten immer nur eine Momentaufnahme einer bestimmten Datenlage darstellen.

2 Die Evolution der Alken

Die Familie der Alken gehört in die Ordnung der Regenpfeiferartigen (= Charadriiformes). Zu diesen zählen auch Möwen, Seeschwalben, Raubmöwen und Watvögel. Innerhalb dieser Ordnung sind die Alken möglicherweise die Urform aller Charadriiformes (BJÖRKLUND 1994).

Heute leben weltweit 22 Alkenarten. Der Riesenalk ist 1844 ausgestorben. Achtzehn Spezies (davon 16 endemisch) kommen im Nordpazifik, nur sechs Arten (davon vier endemisch) im Nordatlantik vor. Zwei Arten sind sowohl im Nordpazifik als im Nordatlantik verbreitet (vgl. Appendix 1 und DEL HOYO et al. 1996).

2.1 Die Anfänge

Die Entwicklung der Alken liegt bis heute im Dunkeln (BÉDARD 1985). Die ältesten Fossilfunde stammen aus dem Miozän vor 11 Millionen Jahren und zeigen schon eine große Artenvielfalt. In North Carolina/USA fand man in Schichten des Oberen Miozäns und Unteren Pliozäns Fossilien von etwa 12 Alkenarten unterschiedlicher Gattungen, also bereits eine komplexe Alkengemeinschaft. Da frühere Fossilien fehlen, läßt sich ihre Abstammungsgeschichte (= Phylogenie) nicht in einer ununterbrochenen Entwicklung aufzeigen, und wir sind auf mehr oder weniger begründete Spekulation angewiesen.

Die Frage, ob es nur eine oder zwei unabhängige Stammformen der Alken gab, steht dabei im Vordergrund. Folgende Modelle sind denkbar (siehe Diskussion in BÉDARD 1985 und UDVARDY 1963):

1. Es gab eine Urform im Pazifik oder Atlantik.
1a. Von der möglichen Urform im Nordpazifik breiteten sich pazifische Formen über die offene Beringstraße (im Oberen Miozän) in den Atlantik aus.
1b. Von der möglichen Urform im Atlantik breiteten sich atlantische Formen in den Pazifik aus.
2. Zwei unabhängige Stammformen entwickelten sich konvergent in beiden Ozeanen.

Welches Modell zutrifft, kann bis heute nicht abschließend beurteilt werden. Festzuhalten bleibt, daß es im Pazifik mit 16 endemischen Arten eine größere Vielfalt als im Nordatlantik mit nur vier endemischen Arten gibt. Daraus schließt DAVID NETTLESHIP (in DEL HOYO et al. 1996) mit aller Vorsicht, daß die Alken im Pazifik entstanden sind und sich von hier ausgebreitet haben. Er betont jedoch, daß zukünftige Untersuchungen diese Beurteilung als falsch ansehen könnten.

Für eine Stammform spricht, daß Trottellummen und Dickschnabellummen überlappend in beiden Ozeanen verbreitet sind. Ein weiteres Indiz für diese Hypothese ist die Gattung *Fratercula* mit drei Arten in beiden Ozeanen, dem nordatlantischen Papageitaucher und den pazifischen Hornlunden (*F. corniculata*) und Gelbschopflunden (*F. cirrhata*, vgl. Kap. 2.2).

Um Licht in die Abstammungsgeschichte der Alken zu bringen, müssen die Entwicklung der Ozeane und klimatische Veränderungen im Laufe der Erdgeschichte berücksichtigt werden. Während der Pazifik der damalige Urozean war, entstand der Nordatlantik erst durch das Auseinanderdriften der nordamerikanischen und nordafrikanischen Kontinentalplatte. Die Prozesse der Plattentektonik führen nicht nur zu einem ständigen Wechsel von Gestalt und relativer Position der Kontinente, sondern auch zur Änderung der Ausdehnung und Anordnung der Ozeane (BRÜCKNER 1995). Diese Ansicht setzte sich aber erst in den 1970er Jahren durch. Heute ist der Atlantik einschließlich seiner Nebenmeere, wie des Nordpolarmeeres, noch um etwa 40 Prozent kleiner als der Pazifik (NEEF 1977), der sich entlang der nordamerikanischen Westküste verkleinert (Subduktionszone).

Auch die klimatischen Verhältnisse änderten sich im Laufe der Zeit immer wieder. Nach JEAN BÉDARD (1985) haben sich die frühen Alken wahrscheinlich unter tropischen bis subtropischen Klimabedingungen entwickelt. Doch erst als es vor 38 Millionen Jahren (im Oligozän) kühler wurde und nur noch gemäßigte Luft- und Wassertemperaturen vorherrschten, breiteten sich die Alken aus. Sie besetzten viele ökologische Nischen, denn die kühleren Wassertemperaturen bedeuteten einen höheren Sauerstoffgehalt mit höherer biologischer Produktivität und damit großen Nahrungsreichtum (vgl. Kap. 4.1.1). Mit diesen neuen Umweltgegebenheiten entstand eine neue ökologische Zone (= Adaptationszone) mit neuen Selektionsbedingungen, die die Artenbildung begünstigt (adaptive Radiation). Immerhin entstanden so mindestens 23 Arten, von denen eine schon wieder ausgestorben ist.

2.2 Die lieben Verwandten

In welchem verwandtschaftlichen Verhältnis stehen nun alle 22 lebenden Alkenarten zueinander? Man kann folgende Überlegungen dazu anstellen (Abb. 2.1 und weitere Diskussionen in BÉDARD 1985 und STRAUCH 1985):

1. Zwischen Trottel- und Dickschnabellummen, die sich in einem weiten Verbreitungsgebiet überlappen, gibt es sogar noch Genfluß. Einzelbeobachtungen von Kreuzungen beider Arten wurden mehrfach in der Literatur erwähnt, doch unterschied man diese Hybride nur nach morphologischen Merkmalen. Erstmals konnten jetzt FRIESEN et al. (1993) eine Kreuzung von Dickschnabellumme und Trottellumme in der Tochter-Generation auch molekulargenetisch nachweisen: Ihre Untersuchungen lassen vermuten, daß die Tochter einer weiblichen Dickschnabellumme und einer männlichen Trottellumme erfolgreich mit einer männlichen Trottellumme brütete. Das Küken war wahrscheinlich ebenfalls fruchtbar.

Das bedeutet zumindest für Hornøya/Nordnorwegen, daß hier Trottellummen und Dickschnabellummen erst auf dem Weg zu „guten Arten" sind und sexuelle Isolation sowie genetische Unverträglichkeit noch nicht vollständig ausgebildet sind. Auf Funk Island/Neufundland fanden sie dagegen keine Kreuzungen (FRIESEN et al. 1993).

2. Zieht man Körpermerkmale als hauptsächliche Kriterien für Verwandtschaftsverhältnisse heran, dann stehen sich der ausgestorbene Riesenalk, Tordalk, Trottel- und Dickschnabellumme und Krabbentaucher verwandtschaftlich näher als die übrigen Alkenarten (STRAUCH 1985).

3. Die Gryllteiste unterscheidet sich ökologisch von den anderen nordatlantischen Alken, weil sie durchschnittlich zwei Eier legt, nur in kleinen lockeren Kolonien lebt und ihre Nahrung nahe der Küste in Meeresbuchten und Fjørden sucht (siehe Artkapitel; vgl. Appendix 3). In der Stammbaumanalyse von STRAUCH (1985) ist die Stellung der Gattung *Cepphus* (zu der außer der Gryllteiste auch die beiden pazifischen Arten Taubenteiste *Cepphus columba* und Brillenteiste *Cepphus carbo* gehören) unklar.

4. Der nordatlantische Papageitaucher sowie die pazifischen Horn- und Gelbschopflunde müßten nahe miteinander verwandt sein. Gemeinsam ist ihnen das Graben von Höhlen für ihre Jungenaufzucht und ein Schnabel, der während der Brutzeit mit auffallenden Hornplatten versehen ist. NATI-

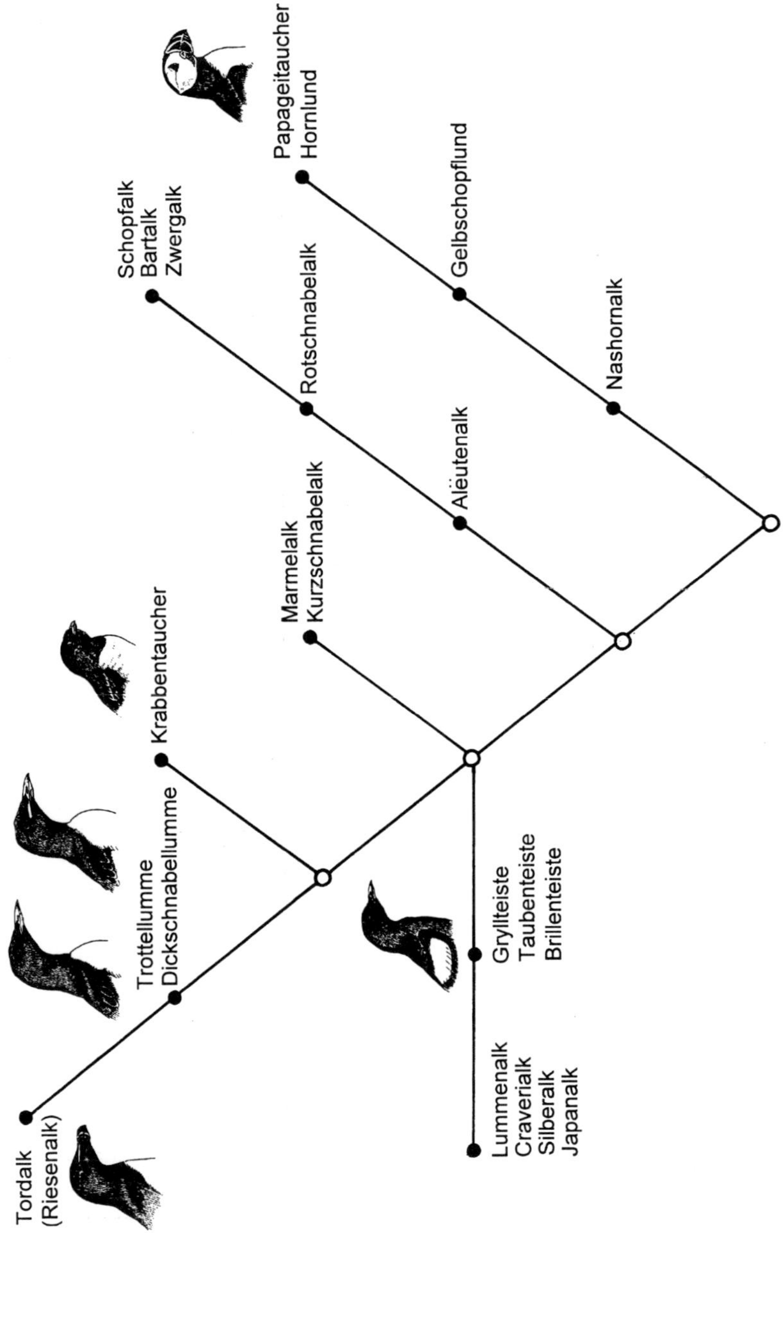

Abb. 2.1: Verwandtschaftsverhältnisse der Alkenarten nach STRAUCH (1985), Namen vgl. Appendix 1.

ONAL GEOGRAPHIC SOCIETY (1994) und JOSEP DEL HOYO et al. (1996) fassen daher alle drei Arten in der Gattung *Fratercula* zusammen, STANLEY CRAMP (1985) stellt den Gelbschopflund als einzige Art in die Gattung *Lunda*. Da der Nashornlund (*Cerorhinca monocerata*) ebenfalls Höhlen baut und eine gelbe Hornplatte oben an der Schnabelbasis hat, liegen alle vier Arten in der Stammbaumanalyse von STRAUCH (1985) auf einer phyletischen Linie und werden als nahe verwandt betrachtet (Abb. 2.1).

Erst zukünftige genetische Forschungen, wie moderne DNA-Sequenzauswertungen mit Markergenen, werden die Fragen nach der Verwandtschaft aller Alken untereinander hoffentlich abschließend beantworten können.

2.3 Anpassungen an Lebensräume und Nahrung

Schnabelform und Zunge haben sich an die bevorzugte Nahrung angepaßt. So besetzte jede Alkenart im Laufe der Evolution ihre ökologische Nische.

JEAN BÉDARD (1969, 1985) unterscheidet drei Nahrungstypen: den spezialisierten Planktonfresser, den spezialisierten Fischfresser und den intermediären Generalisten, der sich von Plankton und Fisch ernährt (Abb. 2.2).

1. Planktonspezialist ist der Krabbentaucher. In Anpassung an die kleine, weiche Nahrung ist der Schnabel kurz, die Schnabelöffnung aber weit. Die Gaumenoberfläche ist flach und mit zahlreichen unregelmäßig angeordneten „Hornzähnchen“ (*hornae papillae*) versehen. Mit seiner breiten, dicken, fleischigen, flexiblen Zunge kann er die Nahrungspartikel gut aufnehmen und während der Jungenaufzucht in einer Aussackung des Mundhöhlenbodens (*diverticulum sublinguale*) sammeln.

2. Fischfresser sind Trottellumme, Dickschnabellumme, Tordalk und Gryllteiste. Der Schnabel ist besonders bei Trottellumme und Gryllteiste

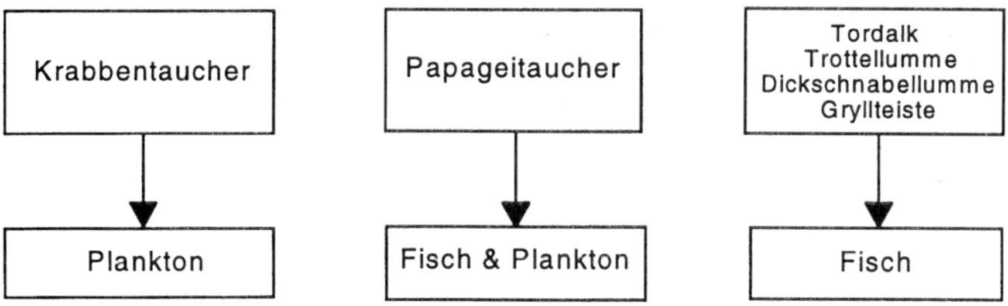

Abb. 2.2: Bei Alken werden drei Ernährungsformen unterschieden.

lang und schmal, die Zunge stark verhornt. Die Trottellumme hält einen Fisch längs im Schnabel, der dabei gegen die „Hornzähnchen", die im Gaumen in regelmäßigen Reihen angeordnet sind, gedrückt und so festgehalten wird. Der Tordalk transportiert dagegen mehrere Fische (HARRIS 1984), die Gryllteiste nur einen Fisch (FREETHY 1987) quer im Schnabel.

3. Fisch- und Planktonfresser ist der Papageitaucher. Sein Schnabel ist sehr kräftig, an der Seite abgeflacht, seine Zunge fleischig, im vorderen Bereich aber verhornt. Hornplättchen im Gaumen ermöglichen ihm einerseits, mehrere Fische quer im Schnabel hintereinander festzuhalten, andererseits kann er mit seiner fleischigen Zunge besonders im Winter auch Weichtiere zu sich nehmen (HARRIS 1984).

Es gibt für jeden Nahrungstyp auch pazifische Vertreter (vgl. Appendix 1).

2.4 Nahrung ist Energie

Früher interessierte man sich nur dafür, was die einzelnen Vogelarten fressen. Allenfalls bei Spezies, die als Schädlinge galten, wurde die Frage nach dem „Wieviel" gestellt. In der heutigen ökologischen Forschung ist dagegen das Interesse auf sogenannte Energieflußmodelle gerichtet. Nahrungsketten oder -netze werden also nicht mehr nur qualitativ, sondern auch quantitativ bewertet. Denn erst neuere Techniken ermöglichen, Energieflüsse im lebenden Metabolismus meßbar zu machen. Kleine Nahrungstiere, wie tierisches Plankton oder Fische, werden im Bombenkalorimeter verascht, um ihren Energiegehalt zu messen. Bei einem lebenden Papageitaucher zählt man, wieviel Fische er frißt. Von der Länge der Fische schätzt man auf die Masse und den Energiegehalt (in Kilojoule = kJ) seiner Nahrung. Neuere, bessere Methoden arbeiten z.B. mit Tritium-markiertem Wasser. Mit Hilfe kleinster Blutproben kann der Energiefluß eines Vogels über eine Zeitspanne von wenigen Stunden bis zu einigen Tagen gemessen werden. Bei Seevögeln, die leicht in ihrer Höhle oder Felsspalte zu fangen sind, wie Krabbentaucher, erhöhte sich die Zahl solcher Studien schnell. Um sich zu veranschaulichen, was Vögel wielange am Tag machen, werden Zeitbudget-Modelle aufgestellt (siehe Kap. 3.3: Energetik). So bekommen wir immer bessere Einblicke in die teilweise komplizierte Energetik der Brutökologie (vgl. Kap. 4).

2.5 Geographische Variation

Per Definition müssen sich mindestens 75 % der Individuen einer Population von denen einer anderen Population derselben Art unterscheiden, um als Unterart bezeichnet zu werden (CZIHAK et al. 1981). Diese Kriterien wurden in neuerer Zeit verschärft, denn EINHARD BEZZEL und ROLAND PRINZINGER (1990) fordern mindestens 90 % Unterscheidung. Die Unterteilung der einzelnen nordatlantischen Arten in jeweils drei bis fünf Unterarten ist daher komplex, konfus und nicht immer nachvollziehbar (BÉDARD 1985).

Manchen Bearbeitern standen nur wenige Museumsbälge aus unterschiedlichen geographischen Gebieten zur Verfügung. Die Herkunft war nicht immer einwandfrei geklärt. Altersunterschiede der Vögel und saisonale Faktoren wie Sommer- und Winterkleid sind bei der Abgrenzung der Unterarten nicht immer berücksichtigt worden.

Während des 2. Weltkrieges hatte der Schwede FINN SALOMONSEN kaum Zugang zu internationalen Sammlungen und daher nur wenig Vergleichsmöglichkeiten. Die Einteilung der Unterarten in seiner 1944 erschienenen Alkenmonographie ist deshalb aus heutiger Sicht sehr kritisch zu betrachten.

Viele Taxonomen haben früher Unterarten beschrieben, ohne über ausreichend große Datenmengen zu verfügen und ohne besonders kritisch mit Messungen an Bälgen zu sein. Es erhebt sich daher die Frage, ob die vorgenommenen Einteilungen in Unterarten heutigen Gesichtspunkten standhalten können. Ein Beispiel soll dies näher erläutern. SHARON MOEN (1991) untersuchte anhand von vier Körpermaßen und Blutproben zur genetischen Enzymanalyse Papageitaucher der Unterarten *Fratercula arctica grabae* an zwei schottischen und *F. a. arctica* an drei isländischen Koloniestandorten. (Eine dritte Unterart *F. a. naumanni* lebt noch weiter im Norden in Grönland und Spitzbergen und blieb unberücksichtigt). Sie kommt zu folgendem Ergebnis:

1. Anhand der gemessenen Körpermerkmale lassen sich Papageitaucher statistisch signifikant unterscheiden, z.B. nimmt die Körpergröße nach Norden hin zu. Dafür macht SHARON MOEN Unterschiede in der Wassertemperatur und der Nahrung, die sich in Kombination auswirken, verantwortlich.

2. Die beiden beschriebenen Unterarten *Fratercula arctica grabae* und *F. a. arctica* können genetisch allerdings nicht unterschieden werden. So ist nicht einmal das Definitionskriterium der 75 % Unterarten-Regel (s. o.) erfüllt.

Fazit: Die Spaltung des Papageitauchers in drei Unterarten ist zumindest für zwei Unterarten unzutreffend (siehe auch HARRIS 1984: 32ff.). In Zukunft müssen sowohl sorgfältig erhobene Körpermaße als auch genetische Untersuchungen vergleichend in Betracht gezogen werden. Wie sich schon bei anderen Taxa gezeigt hat, stimmt zwar die Grobsystematik unserer Altvorderen, aber bei Unterarten und sogar bei Arten gibt es noch viel zu berichtigen.

Für die anderen Alkenarten wurden ebenfalls Unterarten beschrieben, auf die im Rahmen dieser Monographie nicht eingegangen wird.

3 Artkapitel

3.1 Papageitaucher

Papageitaucher sind während der Brutzeit die attraktivsten nordatlantischen Alken. In Relation zum Körper ist ihr Kopf groß und entspricht daher dem „Kindchenschema". Der massive Schnabel ist schwarz-gelb-rot gefärbt, Beine und Füße leuchten orange (Abb. 3.1). Im Ruhekleid erkennt man die Papageitaucher kaum wieder. Gesicht und Schnabel wirken unauffällig grauweiß bis schwarz. Die gelben Hornplatten am Schnabel sowie die Augenornamente gehen verloren (siehe Abb. 3.2). Der rote Augenring färbt sich schwarz. Beine und Füße sind nur noch blaßgelb.

Papageitaucher wiegen durchschnittlich 370–500 g, sind etwa 26–29 cm groß, ihre Flügelspannweite beträgt 47–63 cm (Cramp 1985). Nach Norden nimmt ihre Masse zu und die Körpermaße werden größer: In Spitzbergen wogen sie etwa 60 % mehr und hatten 18 % längere Flügel als Vögel im Süden Großbritanniens (Harris 1984). Im Vergleich mit anderen Alkenarten sind Papageitaucher etwa 30 % kleiner als Trottellummen und 40–50 % größer als Krabbentaucher (Cramp 1985, Harris 1984).

Verbreitung und Bestand

Das Brutgebiet der Papageitaucher liegt zwischen 44° und 79° nördlicher Breite mit Schwerpunkt in den borealen (60 % der Brutpaare) und subarktischen (40 % der Brutpaare) Gewässern. Die Verbreitung reicht von Neufundland und Labrador in Kanada über Grönland, Island, Großbritannien, die Bretagne (Frankreich), Norwegen, Spitzbergen und Novaja Semlja vor

Abb. 3.1: Oben links: Papageitaucher mit Sandaalen (The Wick/Skomer). Oben rechts: Papageitaucher mit erhobenen Flügeln (Skokholm). Unten: Papageitaucherjunges übt seine Flügel vor der Höhle unter Aufsicht eines Elternvogels (Noss).

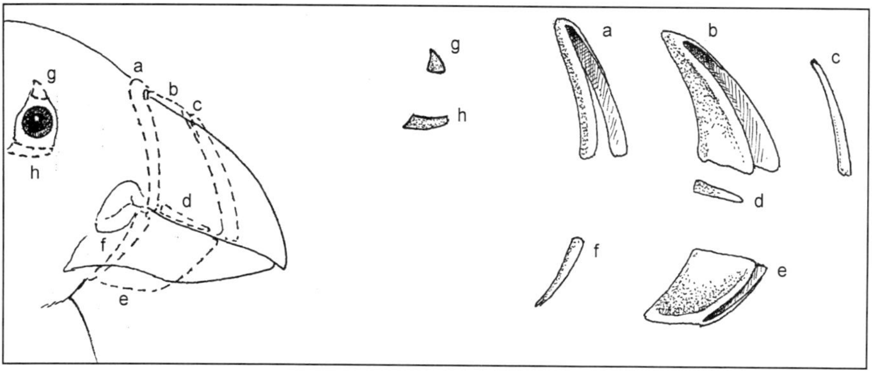

Abb. 3.2: Die gelben Hornplatten am Schnabel sowie die Augenornamente gehen nach der Brutzeit verloren (Zeichnung F. WEICK nach BUREAU 1877 und GLUTZ & BAUER 1982).

der sibirischen Küste (Abb. 3.3). Der südlichste Koloniestandort liegt in Maine (USA) an der kanadischen Grenze, die nördlichsten in Thule (Westgrönland) und auf Spitzbergen (LLOYD et al. 1991).

Zentrum seiner Verbreitung bildet Island. Hier brüten mit nahezu drei Millionen Brutpaaren 50 % der Weltpopulation (NETTLESHIP & EVANS 1985; PETERSEN 1994a, vgl. Tab. 1.1). Im Vergleich dazu haben Großbritannien und Irland nur 512.000 Paare, 89 % davon brüten in Schottland mit den größten Kolonien auf den St. Kilda-Inseln sowie auf Sule Skerry, Fair Isle und Foula (LLOYD et al. 1991).

In Norwegen zählt der Papageitaucher zu den häufigsten Seevögeln. Mehr als 90 % brüten an Koloniestandorten nördlich des Polarkreises (BARRETT et al. 1987), wobei es auf dem Røst-Archipel trotz starker Rückgänge auch heute noch die größte Brutkonzentration Norwegens mit insgesamt etwa 600.000 Papageitaucherpaaren gibt (ANKER-NILSSEN & ØYAN 1995, siehe Trends).

In den arktischen Gebieten Spitzbergens, Grönlands, Nordkanadas und Nordsibiriens brüten nur etwa 1 % des Weltbestandes (NETTLESHIP & EVANS 1985).

Trends

Es gibt keinen einheitlichen Populationstrend. Daher sollen hier zwei markante Beispiele für gegenläufige Trends aufgezeigt werden:

Die Population der Isle of May bei Edinburgh bestand 1960 nur aus wenigen Brutpaaren. Ab 1973–81 gab es einen rasanten Anstieg um jährlich

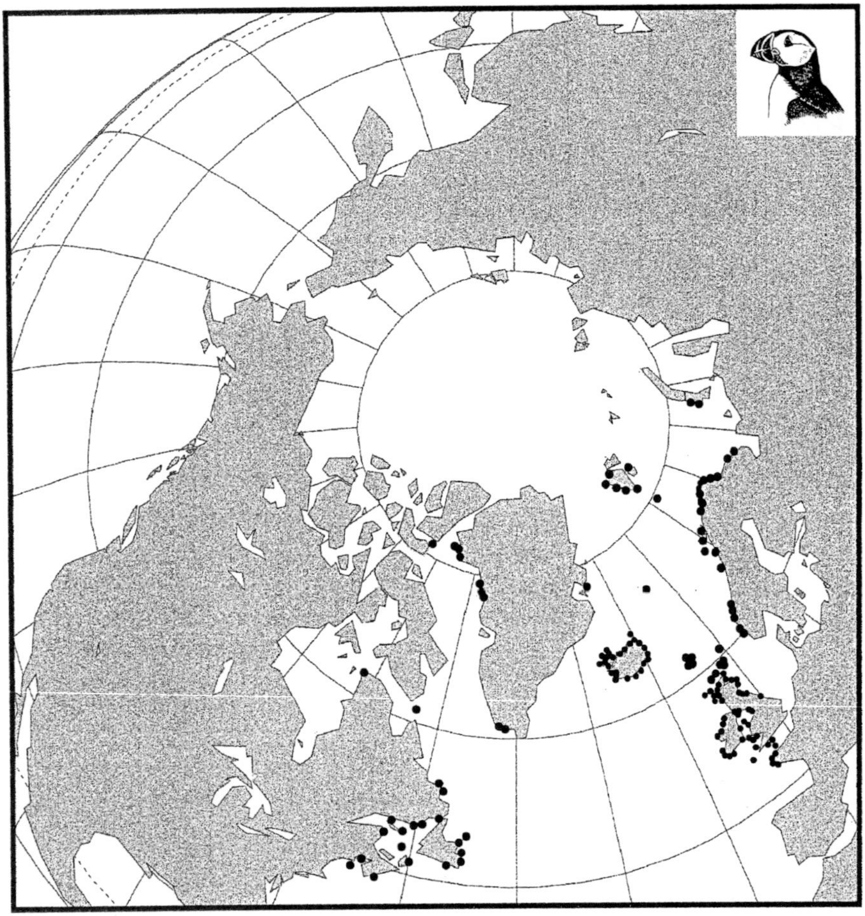

Abb. 3.3: Brutverbreitung des Papageitauchers (nach HARRIS 1984, NETTLESHIP & EVANS 1985). Die Punkte bezeichnen nur die Koloniestandorte, nicht aber die Koloniegröße. Bei kleinen Inseln oder Inselgruppen wie Farne Islands (GB) oder Røst (N) müssen mehrere Koloniestandorte wegen des großen Maßstabs durch einen Punkt gekennzeichnet werden. Für die Populationszahlen, siehe Tab.1.1.

20 %, seit 1985 scheint sich der Bestand bei 12.000 Brutpaaren zu stabilisieren (LLOYD et al. 1991, GIBBONS et al. 1993).

Dagegen sank die Gesamtpopulation auf dem Røst-Archipel/Norwegen nach hohen Brutausfällen während der Jahre 1969–89 mit einer zeitlichen Verzögerung dramatisch von 1,4 Millionen Brutpaaren (1979) um mehr als die Hälfte auf etwa 600.000 (1994, ANKER-NILSSEN & ØYAN 1995). Daten einer kleinen Kolonie auf Hernyken (Røst-Archipel) zeigen, daß die Zahl der besetzten Baue von 119.700 (1979) auf 43.160 (1988) gesunken ist, was einer jährlichen Abnahme von 11 % entspricht (ANKER-NILSSEN & ROSTAD 1993; siehe auch Energetik).

Mortalität

Haben Papageitaucher erst einmal ihre Geschlechtsreife mit fünf Jahren erreicht, sterben jedes Jahr lediglich 5 % eines Jahrganges (= Kohorte), was selbst für langlebige Seevögel eine sehr hohe jährliche Überlebensrate bedeutet. Die Lebenserwartung eines Brutvogels beträgt durchschnittlich 20 Jahre plus fünf Jahre, die sie bis zur Brutreife benötigen (HARRIS 1984). Bei dieser Berechnung muß man bedenken, daß die Angabe des Durchschnittsalters ein grober Schätzwert ist. Steigt oder fällt die Überlebensrate nur um 1 % (was noch innerhalb der Irrtumswahrscheinlichkeit der Methode liegen kann), resultiert daraus eine gravierende Änderung der Lebenserwartung: Überleben 96 % der Papageitaucher wie auf der Isle of May, dann entspricht dies einer Lebenserwartung der Brutvögel von 25 Jahren (plus fünf Jahre), bei 94 % dagegen nur von 16 Jahren (plus fünf Jahre; ASHROFT 1979, HARRIS 1984).

Die Überlebensrate der ausgeflogenen Jungen bis zum sechsten Lebensjahr gibt RUTH ASHCROFT (1979) mit lediglich 10,3–15,6 % an. Diese Daten beziehen sich allerdings nur auf die Jungen, die zu ihrem „Geburtskoloniestandort" zurückgekehrt sind. MIKE HARRIS (1984) kalkuliert die Emigration der Jungen zu anderen Koloniestandorten mit 23 % und kommt für die Isle of May auf eine Überlebensrate von 39 %. Dieser Wert ist sehr hoch, da die Isle of May ein Optimalhabitat darstellt. Die Mortalität der subadulten Papageitaucher bis zur Erstbrut liegt folglich zwischen 60 und 90 % und ist damit 12–15mal höher als die der Brutvögel.

Bruthabitat

Papageitaucher sind Höhlenbrüter und besiedeln in großen Kolonien leicht geneigte grasbedeckte Hänge oder flache Inseln wie z.B. die Farne Islands /Nordengland. Als einzige nordatlantische Alkenart bauen sie Nester, besonders im südlichen Verbreitungsgebiet dominiert der Höhlenbau. Nur gelegentlich übernehmen sie Kaninchenbaue oder wie auf Skokholm und Skomer Höhlen des Schwarzschnabel-Sturmtauchers. Im hohen Norden wählen sie auch geschützte Felsspalten als Brutplätze, da der Boden zu Beginn der Brutzeit oft noch gefroren ist.

Beim Höhlenbau lockern sie die Erde zunächst mit dem Schnabel und scharren sie dann mit den Füßen fort. Die Höhlengänge sind durchschnittlich 70–110 cm lang, aber auch verzweigte, mehrere Meter lange Höhlensysteme kommen vor. Am Höhlenende liegt die Nestkammer, eine flache Vertiefung, außerdem gibt es einen Seitengang mit Latrine. Papageitaucher tragen Gras und Federn ein, manche legen ihr Ei auch auf den bloßen Boden.

Ihre Bautätigkeit kann so groß sein, daß es durch schwere Bodenerosionen zur Habitatzerstörung kommt. Dies hängt von der Vegetationsbedeckung und der Bodenbeschaffenheit ab. MIKE HARRIS (1984) stellte fest, daß bei schweren, organischen, mit Vegetation bedeckten Böden etwa 300 g Erde pro Bau während der Frühjahrsrenovierung ausgescharrt wurden, dagegen bei vegetationslosen, sandigen Böden 2.800 g pro Bau, letzteres entsprach einer Tonne (!) bei etwa 350 Paaren. Bodenerosion war auch einer der Hauptgründe für das Verlassen der Brutplätze auf Grassholm vor der Küste Südwales in den 1940er Jahren.

Jahreszyklus

In Ostschottland treffen die ersten Papageitaucher schon Ende Februar in ihren Koloniestandorten ein, im übrigen Großbritannien erst Ende März/Anfang April. Je weiter nördlich sich ein Koloniestandort befindet, desto später erfolgt die Ankunft. Je nach Witterung und Eisgang kommen Brutvögel in Grönland und Spitzbergen ab Ende Mai/Anfang Juni zu ihren Bauen.

Die Partner treffen sich an ihrer Bruthöhle wieder, die Brutplatztreue ist mit 92,2 % auf Skomer (ASHCROFT 1979) oder 77 % in Neufundland (NETTLESHIP 1972) sehr hoch. Erstmals brüten Papageitaucher mit fünf bis sechs Jahren, nur in sich ausbreitenden Kolonien wie der Isle of May (HARRIS 1984: Tab. 6) schon ein bis zwei Jahre früher.

Der Brutbeginn hängt von der geographischen Breite der einzelnen Gebiete ab. Allgemein gilt, je tiefer die Meerestemperatur, desto später wird gebrütet. Bei einer um 1 °C niedrigeren Wassertemperatur verzögert sich der Brutbeginn im Mittel um drei Tage (BIRKHEAD & HARRIS 1985). In Großbritannien liegt er Anfang Mai, in Island Mitte bis Ende Mai, in Grönland Anfang Juni und auf Spitzbergen erst Ende Juni/Anfang Juli. Aber auch innerhalb eines Koloniestandortes ist die Schwankungsbreite im Brutbeginn größer als bei Tordalken oder den Lummen, die eine höhere Synchronisation beim Brüten aufweisen (siehe Kap. 3.2, 3.3 und 3.4).

In der Regel legen Papageitaucher nur ein, ganz selten zwei Eier. Beide Partner brüten. Bei Eiverlust kurz nach dem Legen können sie zwei bis drei Wochen später ein Folgegelege zeitigen. Die Eier haben eine spitzovale Form, sind grauweiß und nur wenig pigmentiert mit fein gezeichneten hell-

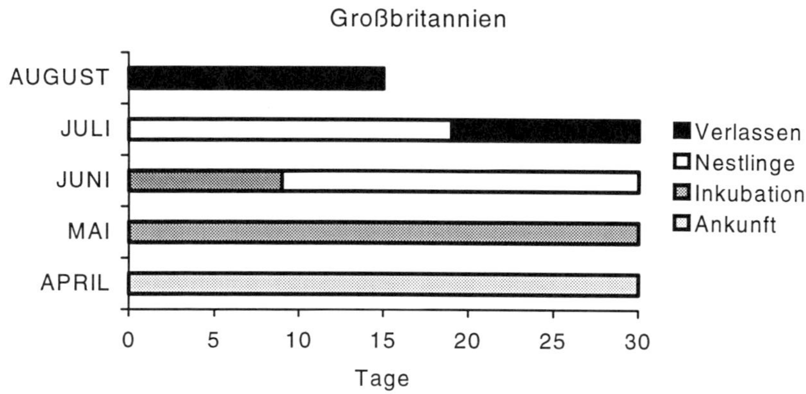

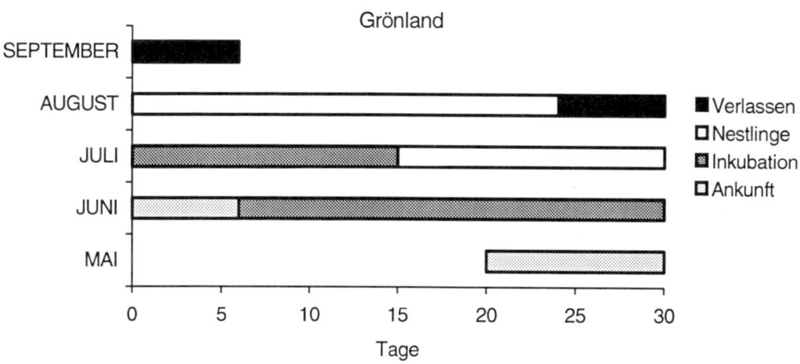

Abb. 3.4: Oben: In borealen Gewässern wie um Großbritannien sind Papageitaucher 130–140 Tage pro Jahr in ihrer Brutkolonie anwesend. Unten: In der Arktis wie um Grönland sind Papageitaucher dagegen nur 110–120 Tage pro Jahr anwesend. Der Brutbeginn erfolgt hier nach der Ankunft schneller, und sie bleiben nach der Jungenaufzucht nicht mehr solange in der Kolonie (Daten nach HARRIS 1984; HARRIS & BIRKHEAD 1985).

braunen Flecken (MAKATSCH 1974). Sie wiegen durchschnittlich 65 g (n = 150 Eier, NETTLESHIP 1972), was etwa 14 % der Weibchenmasse entspricht (vgl. Abb. 4.6). Die Inkubationszeit beträgt im Mittel 40 Tage (BIRKHEAD 1993).

Je nach Region und Nahrungsangebot ist die Nestlingszeit unterschiedlich. Während sie auf Skomer 38 Tage (n = 241, ASHCROFT 1979) beträgt, ist sie auf St. Kilda 44 Tage (n = 214, HARRIS 1984); auf Lovunden in Norwegen 47,7 ± 2,4 Tage (n = 32, MYRBERGET 1962) und in Neufundland sogar 53,4 ± 8,3 Tage (n = 180, NETTLESHIP 1972) lang.

Nachdem die Jungen ausgeflogen sind, verlassen ab Mitte August auch die Brutpaare ihre Koloniestandorte. Das geschieht viel synchroner als bei ihrer Ankunft. Im Hauptverbreitungsgebiet sind Papageitaucher etwa 130–140 Tage in ihrer Brutkolonie anwesend; in den arktischen Regionen, wo der Sommer kürzer ist, meist nur 110–120 Tage (Abb. 3.4, HARRIS & BIRKHEAD 1985).

Ihr Überwinterungsgebiet ist sehr groß und reicht von der südlichen Packeisgrenze der Arktis bis zu den Kanarischen Inseln und New York auf 25° bis 40° nördlicher Breite. Während grönländische und isländische Populationen teilweise bis Neufundland ziehen, halten sich norwegische und britische Populationen im Winter in der Nordsee auf. Untersuchungen von TASKER et al. (1987) zum saisonalen Aufenthaltsmuster im Nordseeraum zeigten, daß die Altvögel (= Adulten) die Orkney- und Shetland-Inseln im August verlassen und nach Süden in den Moray Firth (bei Inverness) ziehen; von ostenglischen Koloniestandorten fliegen sie dagegen nach Norden und Westen in den Firth of Forth bei Edinburgh. Ab September verstreuen sie sich dann weit über die Nordsee und kommen nur noch in geringen Dichten vor. In den südlichsten Brutkolonien Englands bleiben die Halbstarken (= Immature) selbst noch im September nahe der Küste, bevor sie auf die offene See schwimmen.

Die Mauser fällt in die Winterzeit. Sie ist beim Papageitaucher sehr komplex und noch nicht vollständig beschrieben (BÉDARD 1985).

Nahrung

Adulte Papageitaucher fressen hauptsächlich Fisch (Abb. 3.1), insbesondere Sandaale (*Ammodytes spec.)*, Sprotten (*Sprattus spec.)*, Kapelan (*Mollotus villosus*) und Hering (*Clupea harengus*), wobei sie Fische bis 180 mm Länge und bis 22 mm Höhe bevorzugen. Bei größerer Fischhöhe bekommen sie Probleme beim Schlucken (HARRIS 1984). Im Herbst und Winter nehmen sie vermehrt Plankton (z.B. kleine Krebstiere) zu sich.

Zur Nahrungssuche während der Brutzeit fliegen Papageitaucher in kleinen Schwärmen bis zu 10 km vom Koloniestandort weg und fangen ihre Nahrung beim Tauchen überwiegend in 1–40 m, aber auch bis 60 m Tiefe (PIATT & NETTLESHIP 1985). Die durchschnittliche Tauchzeit pro Tauchgang beträgt unter 30 Sekunden (DEL HOYO et al. 1996). Welche Fische in der Nahrung überwiegen, schwankt innerhalb einer Kolonie, aber auch innerhalb einer Brutsaison und zwischen verschiedenen Jahren. Bei der Rückkehr zum Brutplatz halten sie mehrere Fische hintereinander im Schnabel fest und transportieren diese noch lebend zu ihren Jungen. Die durchschnittliche Fischlänge, die sie verfüttern, beträgt bei Sandaalen 61 mm (n = 594) und bei Sprotten 46 mm (n = 312). Eine Ladung besteht aus 4–20

Fischen (HARRIS 1984), die zusammen etwa 3–16 g wiegen (BARRETT et al. 1987). Maximal können sie 7 % ihrer Körpermasse (= ca. 30 g) tragen (HARRIS & HISLOP 1978).

Ausnahmen machten die Papageitaucher auf Hornøya (Nordnorwegen), die für ihr Junges aus den nahrungsreichen Gewässern jeweils nur einen, dafür sehr langen Sandaal von etwa 114 mm fingen. Beim Transport schlugen sie den Fisch im Schnabel einmal um, damit nicht Großmöwen auf sie aufmerksam wurden und ihnen die Beute abjagten (BARRETT et al. 1987). In Großbritannien zählte MIKE HARRIS (1984) bei einem Papageitaucher 61 (!) larvale Sandaale und eine Dorschart (*Ciliata spec.)* im Schnabel, die zusammen aber nur 5 g wogen.

Energetik

Ein ausgewachsener, in Gefangenschaft gehaltener Papageitaucher benötigt pro Tag 543 kJ (= 56 g Sprotten), um seine Körpermasse zu halten (HARRIS 1978). Generell entspricht diese Nahrungsmenge etwa 15–20 % seiner Körpermasse (DEL HOYO et al. 1996). Da sich der Vogel zugleich in der Mauser befand und damit einen höheren Grundumsatz hatte, kann die gefütterte Energiemenge nicht als Mindestanforderung angesehen werden.

Die Nahrungsmenge, die damit verbundene Fütterungsfrequenz und die Nahrungsqualität (Energiegehalt, Verdaubarkeit, Ausnutzbarkeit) bestimmen das Jungenwachstum. Je nach Alter und Nahrungsangebot werden die Jungen vier bis zehnmal am Tag gefüttert (HUDSON 1979). Fütterungsexperimente an Wildvögeln auf St. Kilda zeigten den Einfluß der Nahrung auf die Nestlingsmasse (Abb. 3.5). Nestlinge, die ad libitum gefüttert wurden, und Junge, die zur Elternfütterung 50 g Nahrung täglich extra erhielten, wogen mehr und wuchsen schneller als die Kontrollgruppe mit natürlich aufgezogenen Jungen ohne Zufütterung. Die beiden zugefütterten Nestlingsgruppen erreichten ihre Maximalmasse (durchschnittlich 365 g und 316 g) schon im Alter von 31 Tagen und damit sechs Tage früher als die Kontrollgruppe, die ihre höchste Masse (durchschnittlich 301 g) erst am 37. Lebenstag hatte.

Bei Nahrungsmangel verzögert sich die Entwicklung der Jungen, sie fliegen mit einer niedrigeren Masse aus (HARRIS 1984). Um das langsame Wachstum zu kompensieren, dauert die Nestlingszeit länger (BARRETT et al. 1987, siehe Fütterungsexperimente HARRIS 1978: Tab. 1). Auf Neufundland schwankte sie in einem nahrungsarmen Jahr von 45 bis zu 83 Tagen (NETTLESHIP 1972). Als 10–14tägige Nestlinge auf St. Kilda nur noch 13,4 g (81 kJ/Tag) Nahrung erhielten, starben 10 % (HARRIS 1980).

Ein Vergleich mehrerer Untersuchungsgebiete macht die unterschiedliche Nahrungssituation deutlich (Abb. 3.6). Die Nahrungsmenge pro Tag

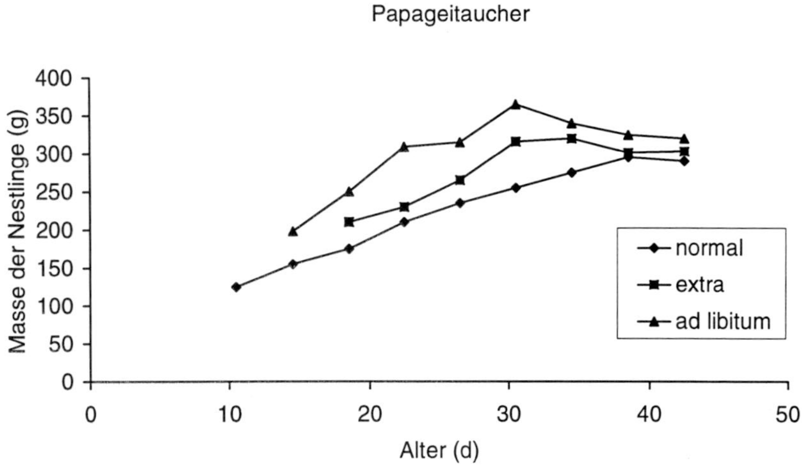

Abb. 3.5: Masseentwicklung von Papageitaucherküken bei unterschiedlichen Nahrungsgaben (normal: elterliche Fütterung, extra: zusätzliche Fütterung von 50 g, ad libitum: Junge bekommen soviel sie fressen möchten; Daten nach HARRIS 1984: 135).

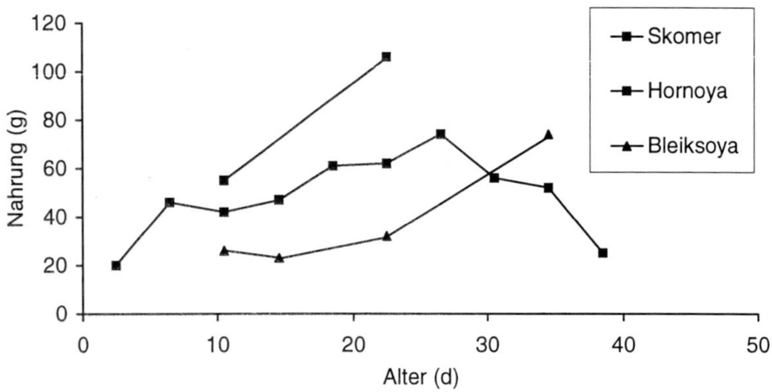

Abb. 3.6: Täglich verfütterte Nahrungsmenge auf Hornøya und Bleiksøya/Nordnorwegen und auf Skomer/Wales in Relation zum Alter der Küken (Daten für Nordnorwegen nach BARRETT et al. 1987, für Wales nach ASHCROFT 1979: Tab. 9).

wurde im Freiland nach der beobachteten Fischlänge, die verfüttert wird, geschätzt. Aus dieser Schätzung wiederum kalkulierte man die tägliche Kalorienaufnahme. Hieraus ergab sich, daß die Jungen auf Hornøya zur Zeit ihrer Maximalmasse mit 106 g die meiste Nahrung und die höchste

Energiemenge mit 670 kJ/Tag erhielten. Sie hatten mit etwa 342 g (n = 38) auch die höchste Ausfliegemasse. Die Nestlinge auf Bleiksøya dagegen bekamen in den ersten vier Wochen ihrer Entwicklung nur 25–30 g Nahrung mit 120–164 kJ/Tag. Ihre Ausfliegemasse betrug lediglich 281 g (n = 59), obwohl sich am Ende der Nestlingszeit die Nahrungssituation mit 74 g/Tag (= 474 kJ) verbesserte (BARRETT et al. 1987). Die Jungen auf Skomer erhielten täglich etwa 20–74 g (= 283–312 kJ) und nehmen mit ihrer Masse von 291 g (n = 178) eine Mittelstellung ein (ASHCROFT 1979).

Der kalorische Wert der Nahrung hängt hauptsächlich vom Fettgehalt, der Fischgröße und -menge ab. Ob auch die Fischart einen Einfluß hat, versuchten HARRIS & HISLOP (1978) zu belegen: Nach ihren Ergebnissen zählen insbesondere Sprotten, aber auch Sandaale zu den ölreichen Fischen mit hohem Brennwert, dagegen sind die beiden Dorscharten Köhler (*Pollachius virens*) und Wittling (*Merlangius merlangius*) minderwertig. Diese Aussagen gelten allerdings nur, wenn die Bezugsgröße die Frischmasse ist (siehe Tab. 3.1). Da gefangene Fische auf dem Rückflug zum Brutplatz zwischen 8,7 und 11,5 % ihres Wassergehaltes verlieren, betonen MONTEVECCHI & PIATT (1987), daß für energetische Vergleiche der Brennwert auf Trockenmasse bezogen sein muß (vgl. HISLOP et al. 1991). Dann allerdings unterscheiden sich die Brennwerte ähnlich großer Sprotten und Wittlinge kaum (Tab. 3.1).

Ein Lehrbuchbeispiel fand sich auf den Inseln des Røst-Archipels (Norwegen). Von 1969–87 hatten die Papageitaucher innerhalb von 19 Jahren nur in drei Jahren (1974, 1983 und 1985) überhaupt Bruterfolg, da die Heringspopulation, dort ihre Hauptnahrung, völlig zusammengebrochen war (ANKER-NILSSEN & RØSTAD 1993). Wenn wegen Überfischung Nahrungsmangel herrscht, können erwachsene Papageitaucher auf Wirbellose ausweichen. Die Nestlinge benötigen jedoch hochwertigen Fisch und können nicht nur mit Wirbellosen wie Leuchtgarnelen (*Euphausiacea*) oder

Tab. 3.1: Kalorische Brennwerte der Nahrung; Daten nach HARRIS & HISLOP (1978: 225) und BRADSTREET & BROWN (1985).

Art	**Fischlänge (mm)**	**kJ/g Frischmasse**	**kJ/g Trockenmasse**
Sprotte	104–137	10,9	25,6
Sprotte	43– 93	6,7	21,4
Sandaal	60–207	6,5	22,2
Köhler	37– 41	5,1	20,4
Wittling	40– 65	4,05	22,1
Leuchtgarnele		3–5	?
Tintenfische		4–5	?

Tintenfischen (*Alloteuthis subulata*) großgezogen werden, was den Pinguinen möglich ist, da sie deutlich mehr fressen (vgl. S. 81 und CULIK & WILSON 1993). Die Trottellummen und Tordalken auf Røst hatten aufgrund ihrer anderen Brutstrategie keine derart gravierenden Verluste (BARRETT et al. 1987). Die Jungen folgen ihren Eltern schon 14 Tage nach dem Schlupf auf die offene See. Sie haben jetzt erst 25 % der Erwachsenenmasse erreicht, können nun aber direkt aus dem Meer gefüttert werden oder schwimmend auf nahrungsreichere Gewässer ausweichen (siehe Artkapitel und Kap. 4.1.2).

Jugendentwicklung

Die Jungen kommen bedunt und mit offenen Augen zur Welt. Sie wiegen beim Schlupf 35–45 g (HARRIS 1984), was generell etwa 11 % der Erwachsenenmasse entspricht. Schon nach 28–30 Tagen erreichen sie ihre Maximalmasse, etwa 70–80 % des Adultwertes (= 250–350 g bei britischen Vögeln, vgl. Abb. 4.2). Ihre Flügellänge beträgt 84 % der Erwachsenen (= 132,4 mm, n = 241). Während der letzten sechs bis zehn Tage vor dem Ausfliegen nehmen sie wieder 8–10 % ab (ASHCROFT 1979, HARRIS 1984, siehe Abb. 3.5).

Die mittlere Körpertemperatur der bis neun Tage alten Küken beträgt 38 °C gegenüber 40,1 °C erwachsener Papageitaucher. Im Extrem schwankt die Temperatur der kleinen Jungen zwischen 31,1 und 40,1 °C, wobei das starke Absinken verschiedene Ursachen haben kann (VONGRAVEN et al. 1987):

1. Bei langen, starken Regenfällen werden die noch kleinen Jungen in ihrer Höhle feucht und unterkühlen.
2. Ihre Nahrung besteht aus etwa 10 °C kalten Fischen, die nach dem Füttern zunächst die Körpertemperatur der bis 100 g schweren Küken reduzieren.

Daher werden sie in den ersten fünf bis sieben Tagen gehudert, bevor sie selbst ihre Körpertemperatur regulieren können (TSCHANZ 1979).

Während der Aufzucht bleiben die Jungen tief in ihrer Höhle und werden hier von beiden Eltern gefüttert. Erst ein bis zwei Tage vor dem Ausfliegen kommen die Jungen aus ihrer Höhle hervor, erproben ihre Flügel und stärken die Flugmuskulatur. Dieses Verhalten ist allerdings sehr selten zu beobachten (siehe Papageitaucherbiologie live). Nur in Anwesenheit eines Elternvogels bleiben Junge vereinzelt für längere Zeit draußen (Abb. 3.1 unten). Gefahr droht ihnen von Großmöwen und Skuas (*Catharacta skua*). Vorzeitig verlassen sie ihre Höhle nur bei extremem Hunger, d. h. wenn die Eltern nicht genügend Nahrung herbeischaffen können oder nicht zum Nest zurückkehren.

Am Ende der Nestlingsperiode verlassen die Küken ihren Bau allein im Schutz der Dunkelheit; nördlich des Polarkreises erst nach Mitternacht, wenn die Lichtintensität am geringsten ist (LOCKLEY 1934). Diese Halbstarken sehen den Erwachsenen im Ruhekleid ähnlich. Sie sind schwarzgrau bis weiß gefärbt, aber nur Dreiviertel so groß wie diese, und haben einen schwarzen, spitzen Schnabel. Sie sind jetzt von ihren Eltern unabhängig und können fliegen.

Im Laufe der nächsten drei bis fünf Jahre wächst der Schnabel noch und wird länger, höher und farbig. Je älter der Papageitaucher wird, desto mehr Furchen zählt der Schnabel. Einjährige haben nur eine halbe Furche, zweijährige eine komplette, die meisten vierjährigen schon zwei, ältere können sogar bis drei Furchen bekommen (HARRIS 1984).

Die noch nicht geschlechtsreifen Vögel besuchen im Sommer ihre späteren Brutkolonien. Eine Langzeitstudie ergab, daß ungefähr die Hälfte der Halbstarken nicht in ihre Geburtskolonie zurückkehrt, sondern zu anderen Koloniestandorten abwandert (HALLEY & HARRIS 1993), während MIKE HARRIS in einer früheren Studie (1984) noch von 23 % ausging.

Bruterfolg

Der Bruterfolg ist in verschiedenen Habitaten und Jahren durchaus unterschiedlich. In Neufundland flogen 0,1–0,5 Junge pro Gelege aus (n = 260, 1968–69, NETTLESHIP 1972). Auf St. Kilda schwankte der Bruterfolg zwischen 0,4–0,84 Junge pro Gelege ebenfalls stark (n = 958, 1974–77, HARRIS 1980), auf Skomer dagegen nur zwischen 0,56–0,68 Junge pro Gelege (n = 904, 1973–75, ASHCROFT 1979). Im Optimalhabitat auf der Isle

Abb. 3.7: Die Papageitaucher haben ein stark verschmutztes Brustgefieder und verschmutzte Schnäbel, wenn sie nach Starkregenfällen aus ihren aufgeweichten Bauen herauskommen (Zeichnung F. WEICK nach Foto A. KOSTRZEWA, Staple Island).

of May war er mit 0,79–0,92 Jungen pro Gelege sehr hoch (n=436, 1982–84, Harris & Wanless 1986a).

Bei einem Papageitaucherpaar bedeutet Bruterfolg in der Regel ein Junges, das heißt, daß in Neufundland im schlechtesten Fall 10 Paare nur ein einziges Junges pro Jahr großziehen; auf der Isle of May dagegen 10 Paare bis zu 9 Junge pro Jahr.

Der Bruterfolg wird von zahlreichen Faktoren beeinflußt, die in Kombination wirken. Die Nahrung spielt eine erstrangige Rolle (vgl. Kap. 4.1.2).

Nahrung — Sinkende Fischbestände durch Überfischung um die Brutkolonien (siehe Kap. 5.1.1) führen zu abnehmendem Bruterfolg (Barrett et al. 1987, Harris 1980). Können Brutpaare nicht genügend Nahrung herbeischaffen, verzögert sich die Entwicklung der Jungen oder sie verhungern sogar. Der Nahrungsmangel kann so gravierend sein, daß ganze Nestlings-Jahrgänge ausfallen. 1981 starben 100.000 Junge auf Great Island/Neufundland, als der Kapelan ausblieb (Birkhead 1993). Das Beispiel Røst ist schon oben erläutert worden (siehe Energetik).

Großmöwen — Beim Papageitaucher sind die Nahrungsschmarotzer ebenfalls bedeutsam. Der Prädationsdruck durch Großmöwen beeinflußt Papageitaucher zweifach: Großmöwen jagen ihnen die Nahrung ab, außerdem erbeuten sie sowohl Jung- als auch Altvögel.

Während der Inkubationszeit verursachten Mantelmöwen (*Larus marinus*) auf Neufundland derartige Störungen, daß erwachsene Papageitaucher panikartig ihre Höhlen verließen. Beim überstürzten Abflug rollten manchmal Eier nach vorne in die Höhleneingänge und waren damit für die Möwen erreichbar. Während der Fütterungsphase verfolgten die Mantelmöwen eine andere Strategie. Sie griffen fischtragende Papageitaucher an, damit diese ihren Fang fallen lassen sollten. Die Papageitaucherküken erhielten folglich weniger Nahrung und wiesen eine geringere Körpermasse auf als in Kolonien, die nicht einem derart hohen Prädationsdruck durch Möwen ausgesetzt waren.

Es hat sich gezeigt, daß der Einfluß der Mantelmöwen auf Great Island/Neufundland vom Biotop abhängig war. Da sie im flachen Gelände bessere Angriffsmöglichkeiten auf Papageitaucher hatten als am Hang, war der Bruterfolg der Papageitaucher im flachen Biotop mit 0,2 Jungen pro Gelege (n=262) nur halb so groß wie am Hang mit 0,43 Jungen pro Gelege (n=290, Nettleship 1972). Bei einem Vergleich nahe beieinanderliegender Koloniestandorte auf Neufundland mit und ohne Prädationsdruck durch Mantelmöwen werden die Unterschiede im Bruterfolg (0,37 Junge pro Gelege auf Great Island gegenüber 0,9 auf Funk und Small Island) noch deutlicher (Nettleship 1972).

Auf St. Kilda hatten sich sogar einige Mantelmöwen in den Monaten Mai bis Juli vollständig auf Papageitaucher als Nahrung spezialisiert (Harris

1980). Während sie dort in den dichten Kolonien (0,5 Baue/m²) nur 1 % der Papageitaucher pro Jahr töteten, waren es 4,2 % (= 2.600 Vögel, davon 43 % Halbstarke) in den Kolonien mit geringer Dichte (0,08–0,2 Baue/m²). Das entspricht etwa der normalen Mortalitätsrate von Erwachsenen (s. S. 31) und hat wegen der additiven Wirkung einen gravierenden Einfluß auf die Population.

Nistplatzkonkurrenz — Auf Skomer und Skokholm konkurrieren Papageitaucher und die nachtaktiven Schwarzschnabel-Sturmtaucher um die Nistplätze. Etwa 5–10 % der Papageitauchergelege gehen verloren, da Schwarzschnabel-Sturmtaucher durch regelmäßige nächtliche Besuche in den Papageitaucherhöhlen Störungen verursachen (ASHCROFT 1979). Die Eier werden verlassen oder zerbrechen. Umgekehrt ist der Bruterfolg des Schwarzschnabel-Sturmtaucher in gemischten Kolonien mit 58 % ebenfalls niedriger als mit 73 % in Kolonien ohne Papageitaucher (BROOKE 1990).

Witterung — Im Juni 1997 führten mehrwöchige starke Regenfälle zur Überflutung der Baue auf den Farne Islands. Als wir Anfang Juli die Farne Islands besuchten, standen viele Altvögel vor ihren Brutplätzen. Einige hatten stark verdrecktes Brustgefieder und verschmutzte Schnäbel, nachdem sie aus den aufgeweichten Bauen herauskamen (Abb. 3.7). Obwohl jetzt die Hauptfütterungszeit gewesen wäre, konnte kein Papageitaucher mit Fischen im Schnabel beobachtet werden. Die gesamte Brut war in diesem Regenjahr ausgefallen (eigene Beobachtung und Vogelwart mündl.).

Verhalten am Brutplatz

Die beste Zeit um Papageitaucher in der Kolonie zu beobachten ist nachmittags bis abends. Morgens verlassen die Vögel ihre Brutplätze zeitig, um zu fischen. Tagsüber sind immer nur wenige Papageitaucher an Land. Besetzte Höhlen erkennt man am Kot vor dem Eingang, manchmal hört man auch knarrende Laute des brütenden Vogels oder seines Jungen. Nach getaner Nahrungssuche stehen die sehr sozialen Vögel in Gruppen am Kolonierand (Abb. 3.8).

Je nach Jagderfolg kommen die ersten Papageitaucher am frühen Nachmittag zurück. Um ihre weithin sichtbaren Fische vor schmarotzenden Großmöwen oder Raubmöwen zu schützen, kreisen sie in einer immer größer werdenden Gruppe vor ihren Nistplätzen (wheeling). Die Möwen werden dadurch verwirrt. Haben sich genügend Papageitaucher in der Luft versammelt, unternehmen sie einen gemeinsamen Landeanflug, der möglichst unmittelbar an ihrem Höhleneingang endet. Dabei werden einzelne Papageitaucher von Silber- oder Heringsmöwen (*Larus argentatus, L. fuscus*) in der Luft bedrängt und zur Aufgabe ihres Fanges gezwungen (Klepto-

Abb. 3.8: Papageitaucher sind sehr sozial. Man sieht sie oft am Kolonierand versammelt (Inner Farne).

parasitismus). Mantelmöwen sind auch in der Lage, ausgewachsene Papageitaucher mit dem Schnabel zu packen, auf die Wasserfläche zu drücken und zu schütteln (eig. Beob.) oder sie gleich ganz als Beute zu nehmen. Dieses Verhalten zeigen auch Skuas. Sind Papageitaucher erst einmal vor ihrer Höhle gelandet, werden sie nur selten von Möwen oder Skuas gejagt (HARRIS 1984).

Beim Landen in den Kolonien halten sie die Schwingen gespreizt und strecken die Füße nach vorn, um abzubremsen. Nach dem Landen lassen

Abb. 3.9: Schnäbelnde Papageitaucher (Zeichnung F. WEICK nach Foto A. KOSTRZEWA, Skokholm).

Abb. 3.10: Vor seinem Bau demonstriert der Papageitaucher mit dem Pelikangang seinen Besitzanspruch

sie als Beschwichtigungsgeste noch ein paar Sekunden ihre Flügel angehoben (post-landing-posture). Dem Paarzusammenhalt dient das Schnäbeln (billing), das sehr oft zu beobachten ist. Um ihre Aggressionen zu reduzieren, gehen beide Partner in geduckter Haltung, Kopf zum Boden vorgestreckt (low profile walk), aufeinander zu und schnäbeln sich mehrere Minuten. Mischt sich ein anderer Vogel ein, wird er vom Paar weggebissen. Schnäbeln zeigen sie auch auf dem Wasser, wobei sich das Paar in einer Pirouette dreht. Die meisten Kopulationen finden auf dem Meer vor den Kolonien statt im Gegensatz zu den übrigen Alken, die sich überwiegend an Land paaren. Das Männchen wirft dabei seinen Kopf vor und zurück und schlägt mit den Flügeln, um ein Weibchen zur Kopulation aufzufordern.

Landet ein Papageitaucher wegen einer plötzlichen Windböe im Nachbarrevier, signalisiert er dem Territoriumbesitzer durch seine geduckte Haltung (low profile walk, s. o.), er wolle nur passieren und sei harmlos. Vor seinem Bau dagegen hält er sich aufrecht. Oft neigt er dabei den Kopf zur aufgeplusterten Brust, hebt einen leuchtend orangefarbenen Fuß und zeigt ihn vor. Mit diesem gestelzten Pelikangang (pelican walk) drückt er vor seinem Bau seinen Besitzanspruch aus (Abb. 3.10).

Bei der Aufzucht gibt es eine Aufgabenteilung der Geschlechter. Das Männchen verteidigt das Territorium, während das Weibchen die Eier länger als das Männchen bebrütet und den Küken später mehr Futter bringt (CREELMAN & STOREY 1991).

Als Signal, gemeinsam aufs Meer zu fliegen, wirft der Papageitaucher ruckweise seinen Kopf nach hinten (head jerk), streckt den Körper und glättet seine Federn.

Papageitaucherbiologie live

Soweit die trockenen Daten. Die Realität des Freilandbiologen ist dagegen meist naß und schmutzig. Um die Nestlinge untersuchen zu können, hat die Doktorandin FIONA DAVIDSON vom Edward Grey Institut der Universität Oxford in der Forschungskolonie „The Neck“ auf Skomer das Höhlendach über jeder Nestkammer in ein herausnehmbares Drahtgeflecht gepackt und besetzte Baue mit „Hausnummern“ versehen. Die Fragestellung war, ob auch in der Irischen See (zeitweise) Nahrungsmangel herrscht. Sie mußte dazu die Nestlinge ohne viel Störung täglich messen und wiegen. Das hört sich leichter an, als es ist. In den abschüssigen Kolonieteilen an einem Seil gesichert, entfernt man den Deckel auf der Höhle. Das Küken scheut vor dem Licht zurück, kratzt und beißt, bevor es in einem dunklen Leinensäckchen, in dem es sich schnell beruhigt, gewogen wird. Bei den nicht seltenen Regenfällen zur Brutzeit artet das in eine ausgesprochen dreckige Angelegenheit aus: Man sitzt im nassen Gras oder gar im Matsch, muß sich vom Küken sogar „anscheißen“ lassen und sieht nach einer Stunde Arbeit wie ein Bundeswehr-Rekrut nach einer Geländeübung aus. Dies wiederholt man 30–40 Tage lang bei 50–100 Nestern. Und wofür das alles? Man weiß schließlich, daß die Masse der Küken von Tageszeit und Nahrungsangebot abhängt (siehe Energetik), das Wachstum der Flügellänge aber ein sehr konservatives Maß ist, das mit dem Alter hoch korreliert. Aus solchen Daten kann man beurteilen, ob die Nahrungsversorgung der Küken normal, gut oder schlecht ist.

Zwischendurch fährt man im Zodiac (seetüchtiges Schlauchboot mit Außenborder) zu anderen Kolonieteilen, nur um sich zwischendurch auch noch vom Meer mit Salzwasser durchnässen zu lassen. So gestaltet sich die praktische Arbeit bei der Datensammlung. Das Ganze hat aber auch seine Highlights: Auf Skomer und später auch auf Noss (Shetland) sahen wir bei schönstem Sonnenschein — quasi mitten in der Kolonie sitzend (aber natürlich auf begehbaren Wegen) — einige wenige Junge kurz vor den Höhleneingang treten und unter der Aufsicht der Eltern einige Minuten die Flügel erproben (Abb. 3.1 unten), um sogleich bei geringster Gefahr wieder ins Innere der Höhle zurückzuweichen. Brutbiologisches Verhalten wird meist aus Beobachtungsständen, kleine in den Boden eingegrabene Verschläge mit einem Brett als Sitz und einer Klappe zum Durchsehen betrieben. Diese Hütten sind oft unbequem und feucht, aber man verbringt jeden Tag viele Stunden hier, bewaffnet mit Notizbuch, Stoppuhr, Zählwerk und Fernglas, eingesperrt in 1,5–2 Kubikmeter Raum. Dazu kommen Mükken, sanitäre Einrichtungen, die kaum diesen Namen verdienen, kein warmes Wasser, feuchte Schlafsäcke, schnell hinuntergeschlungenes Dosenessen. ... Aber man möchte die Zeit nicht missen und fährt im nächsten Jahr mit neuem Enthusiasmus und neuen Fragen wieder hin.

3.2 Tordalk

Die schwarzweiß gefärbten Tordalken haben einen kräftigen, hohen, seitlich zusammengedrückten Schnabel mit auffallend weißer Querlinie. Außerdem reicht ein weißer Streif vom Auge bis zur Nasenhöhle (Abb. 3.11). Im Ruhekleid färben sich Kehle und Wangen weiß.

Tordalken sind 37–39 cm groß und haben eine Flügelspannweite von 63–68 cm (Cramp 1985). Sie wiegen 600–800 g und sind damit etwa 22 %

Abb. 3.11: Tordalk am Kolonierand stehend (Fowlsheugh).

leichter als die ihnen sehr ähnlich sehenden Trottellummen (vgl. Kap. 3.3). Beim Schwimmen wirken Tordalken gedrungener als Trottellummen, den Schwanz haben sie meist aufgestellt.

Verbreitung und Bestand

Tordalken brüten in den borealen und subarktischen Gewässern zwischen 43° und 73° nördlicher Breite (Abb. 3.12). Im Gegensatz zu Trottel- und Dickschnabellummen sind die etwa 700.000 Brutpaare (Tab. 1.1) ausschließlich im Nordatlantik und hier schwerpunktmäßig auf Island (~ 65–70 % des Weltbestandes) verbreitet. ARNBOR GARDARSSON (1995) gibt für Island im Durchschnitt 380.000 Paare (Stand: 1983–85) mit einer Schwankungsbreite von 247–548.000 Paaren an, während nach PETER EVANS und DAVID NETTLESHIP (1985) hier etwa 490.000 Paare brüten sollen. Eingedenk der Probleme bei den Bestandszahlen (vgl. Kap. 1.4) liegen beide Werte innerhalb der vertretbaren Fehlerbreite.

140.000 Paare (= 20 %) brüten auf den Britischen Inseln mit Schwerpunkt in Nordschottland, weitere 10 % (= 70.000 Paare) der Weltpopulation verteilen sich auf kleine Kolonien hauptsächlich in Kanada und Norwegen, außerdem in Westgrönland, der Bretagne/Frankreich, Dänemark, Schweden, der Kola-Halbinsel und der Bäreninsel (EVANS & NETTLESHIP 1985).

Auf Helgoland gibt es seit Ende der 1980er Jahre wieder sechs Brutpaare, nachdem seit ca. 1960 keine Brut mehr gefunden wurde (RHEINWALD 1993).

Trends

Es gibt keinen einheitlichen Populationstrend. Manche Koloniestandorte in Großbritannien, z.B. auf den Farne Islands oder an den Bempton Cliffs, zeigen zwischen 1969 und 1987 einen Anstieg, während die Bestände einiger irischer Koloniestandorte abnahmen. Auf den Färöer-Inseln ist die Population um 60–75 % (Zeitraum: 1960–1980) zurückgegangen (LLOYD et al. 1991).

Insgesamt ist der Tordalkenbestand potentiell gefährdet, da etwa 60–70 % um Island und damit in einem sehr kleinen Areal vorkommen (DEL HOYO et al. 1996).

Mortalität

Die jährliche Überlebensrate der Brutvögel beträgt etwa 90–92 % (LLOYD 1979), die der Jungvögel bis zum fünften Lebensjahr 11–18 % (CRAMP

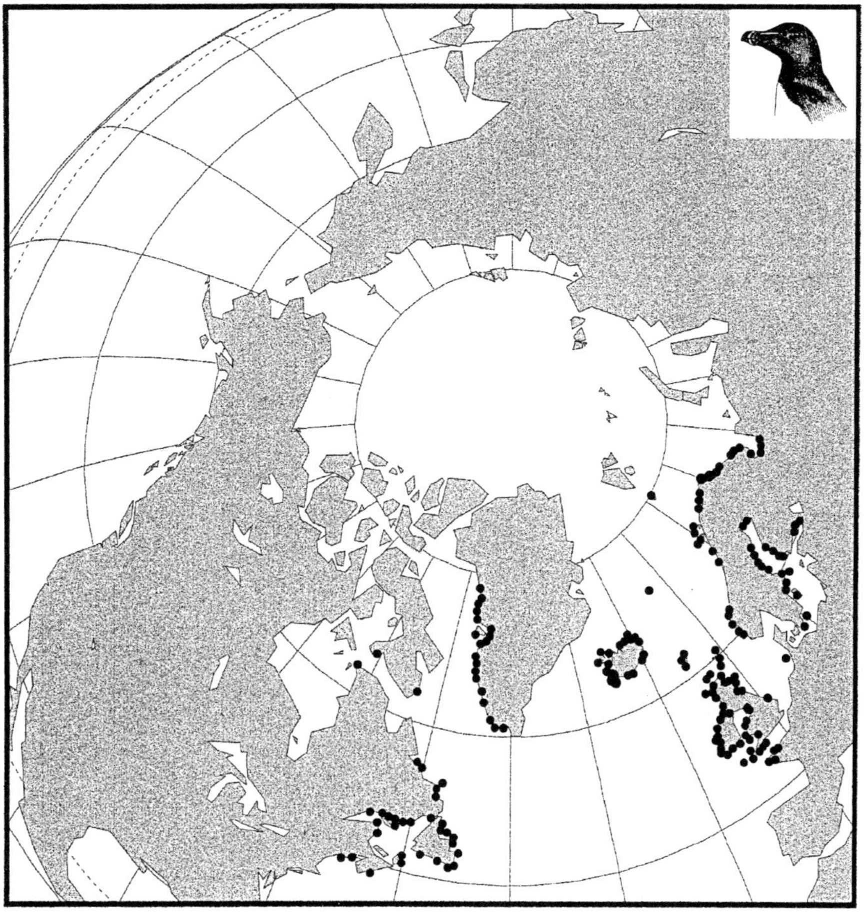

Abb. 3.12: Brutverbreitung des Tordalks (nach DEL HOYO et al. 1996, NETTLESHIP & EVANS 1985).

1985). Diese Zahlen sind in etwa mit denen des Papageitauchers vergleichbar (vgl. Kap. 3.1).

Bruthabitat

Tordalken brüten in großen Kolonien. Oft sind sie mit Trottellummen vergesellschaftet. Die Brutplätze der Tordalken liegen mindestens eine Vogellänge voneinander entfernt (BIRKHEAD 1993), bevorzugt werden breite Simse mit Felsüberhängen, Felsspalten oder höhlenartige Vertiefungen (LLOYD et al. 1991). Im Vergleich mit der Trottellumme brüten Tordalken längst nicht so dicht zusammengedrängt und meist an geschützten Plätzen (vgl. Kap. 3.3: Bruthabitat).

Sie bauen keine Nester, sondern legen ihr Ei auf den nackten Fels. Nur selten werden kleine Steine oder Pflanzenreste um das Ei gelegt.

Jahreszyklus

Je nach geographischer Breite kehren Tordalken Ende Februar bis Mai in ihre Brutkolonien zurück, um dort ihre Partner zu treffen. Die Brutplatztreue beträgt 91,5 %; erstmals brüten sie mit vier, gewöhnlich mit fünf Jahren (LLOYD 1979).

Der Brutbeginn liegt in Großbritannien Mitte bis Ende Mai, in Grönland erst Mitte Juni. Das Gelege besteht in der Regel aus einem, in Ausnahmen aus zwei Eiern (CRAMP 1985). Das Ei wiegt ca. 90 g (MAKATSCH 1974) und ist 17 % leichter als das der Trottellummen von 108 g (vgl. Kap. 3.3: Jahreszyklus). Es ist rahmfarben mit hell- bis schwarzbraunen unregelmäßigen Flecken und Schnörkeln und hat eine spitzovale Form (MAKATSCH 1974).

Bei vielen Vogelarten — so auch beim Tordalken — gibt es einen Kalendereffekt: Ältere und damit erfahrene Vögel beginnen früher als jüngere mit der Brut und zeitigen größere Gelege. Beim Tordalk, der in der Regel nur ein Ei legt, produzieren frühe Tordalken ein größeres Eivolumen, aus dem sich ein schwereres Küken entwickelt. Der Bruterfolg der früh legenden und meist älteren Vögel ist höher (s.u., LLOYD 1979).

Die Eiverluste betrugen auf Skokholm ca. 30 %, wobei die Hälfte der Verluste in den ersten 10 Tagen nach dem Legen eintreten. Etwa ein Viertel der verlorengegangenen Eier/Gelege wird nach zwei Wochen durch ein Folgegelege ersetzt (LLOYD 1979).

Die Inkubationszeit beträgt 35 Tage (BIRKHEAD 1993). Nach dem Schlüpfen bleiben die Nestlinge etwa 17 Tage am Brutplatz (BIRKHEAD 1993). Danach werden sie von den Männchen ins Meer begleitet und etwa drei Wochen bis zu ihrer Unabhängigkeit versorgt (DEL HOYO et al. 1996).

Nach der Brutzeit zwischen August und Oktober mausern erwachsene Tordalken. Nachdem sie etwa eineinhalb Monate im Herbst flugunfähig sind, schwimmen sie zunächst in großen Trupps auf dem Meer und ziehen dann über Winter nach Süden. Tordalken, die auf Island und an der Britischen Westküste brüten, fliegen bis zur Biscaya und weiter zum Mittelmeer. Tordalken aus Norwegen und von der britischen Ostküste ziehen in die südliche Nordsee und zum Skagerrak. Die grönländische und kanadische Population überwintert südlich von Neufundland (BROWN 1985, LLOYD et al. 1991).

Nahrung

Tordalken fressen überwiegend Fisch, hauptsächlich Sandaale, Sprotten und Kapelan. In der Nordsee liegen die meisten Nahrungsgebiete während der Brutzeit mit nur 2 km Entfernung nahe der Isle of May oder vor Fair Isle (TASKER et al. 1987); von Skomer aus müssen die Vögel dagegen bis etwa 15 km von ihrem Brutplatz zur Nahrungssuche fliegen (WAGNER 1992a). Die Tauchtiefe der Tordalken beträgt meist bis 40 m, maximal bis 120 m Tiefe (PIATT & NETTLESHIP 1985). Die Tauchzeit pro Tauchgang liegt durchschnittlich unter 60 Sekunden (DEL HOYO et al. 1996). Sie bringen ihrem Jungen je nach Größe und Masse der Nahrung ein bis zwei mittelgroße oder bis 20 kleine Fische quer im Schnabel. Auf der Isle of May bestand 63 % einer Ladung aus einem etwa 140 mm langen Sandaal, 15 % aus zwei bis sechs Fischen von 90–120 mm Länge und 22 % aus 10–20 etwa 60 mm larvalen Sandaalen. Der größte Sandaal war 180–200 mm lang und konnte nicht mehr vom Nestling geschluckt werden (HARRIS & WANLESS 1986a). Die Ladung beträgt 4–10 g pro Nahrungsflug.

Energetik

Die Küken erhalten bei zwei bis fünf Fütterungen täglich insgesamt 20–22 g Nahrung (HARRIS & WANLESS 1986a). Als CLARE LLOYD (1977) ein zusätzliches Junges zu einigen Bruten auf Skokholm setzte, konnten die Tordalken die Zahl der Fütterungen auf neun pro Tag steigern und 40 g Nahrung pro Tag heranschaffen.

Auf der Isle of May wurden 3–11tägige Nestlinge durchschnittlich 3,5mal am Tag gefüttert, 12–21tägige jedoch nur 2,1mal. Die meiste Nahrung bekamen sie in der Zeit, in der ihre Massekurve steil ansteigt (vgl. Jugendentwicklung). Da der Bruterfolg auf der Isle of May jedoch unterdurchschnittlich war (s.u.), muß die Energieaufnahme von ca. 150 kJ/Tag als gering angesehen werden (HARRIS & WANLESS 1986a). Die Küken der Trottellummen, die zur selben Zeit aufwuchsen, erhielten täglich eine Fütterung mehr und bekamen mit etwa 345 kJ/Tag mehr als doppelt soviel wie die Tordalken. Es gibt Hinweise darauf, daß Tordalken und Trottellummen hier unterschiedliche Nahrungsgebiete aufsuchen (siehe Tasker et al. 1987).

Jugendentwicklung

Die Küken wiegen beim Schlupf etwa 63 g. Bis zum 14. Lebenstag nehmen sie täglich ca. 8,3 g zu und wiegen schließlich 180 g. Die nächsten Tage bleibt ihre Masse konstant oder ist leicht rückläufig. Nestlinge, die in den ersten fünf Tagen sterben, haben schon eine niedrigere Schlupfmasse von 57–59 g und stammen meist von jungen und unerfahrenen Eltern (Lloyd 1979).

Mit wahrscheinlich neun bis zehn Tagen können die Küken zwar ihre Körpertemperatur regulieren (HARRIS & BIRKHEAD 1985), jedoch an ungeschützten Brutplätzen werden sie weiter über die ganze Nestlingszeit von einem Elternvogel gehudert und bewacht. Dies ist auch bei den Lummenarten zu beobachten (vgl. Kap. 3.3 u. 3.4). In geschützten Brutnischen dagegen lassen Tordalken stundenweise ihre Jungen auch allein.

Mit 170–180 g, etwa 25–33 % der Erwachsenenmasse (vgl. Abb. 4.2), verlassen sie im Alter von 17–18 Tagen ihren Brutplatz. Mit ihrem zweiten Dunenkleid (= Mesoptile) aus Zwischenfedern mit stärkerem Schaft und dunenartigen Strahlen sind sie schwarzweiß gefärbt und haben meist eine weiße Kehle. Ohne Schwanz- und Schwungfedern sind sie nicht flugfähig und müssen vom Brutfelsen springen. Sie gelangen entweder gleich ins Meer oder treffen mehr oder weniger hart auf eine Gras- und Geröllhalde unterhalb des Brutplatzes wie auf Vedøy/Lofoten vor Norwegen, bevor sie das Meer erreichen. Beim Sprung folgt ein Elternvogel, meist das Männchen, mit ausgebreiteten Schwingen, gefächertem Schwanz und gespreizten Schwimmhäuten, um seinen Flug auf die Fallgeschwindigkeit des Kükens abzubremsen. Der Kontakt zwischen Küken und Elternvogel reißt in der Regel nicht ab, denn auch in ihrer letzten Entwicklungsphase auf dem Meer werden die noch abhängigen Jungen vom Männchen begleitet. Werden Küken und Altvogel während des Sprungs trotzdem getrennt, erkennt der Erwachsene sein Küken an der individuellen Stimme wieder (INGOLD 1973, vgl. Lummensprung in Kap. 3.3: Jugendentwicklung).

Bruterfolg

Es gibt nur wenige Untersuchungen zum Bruterfolg, da besonders die Brutplätze unter Vorsprüngen und in Felsspalten schlecht einsehbar und kaum zu kontrollieren sind.

Der Bruterfolg auf Skokholm betrug 0,71 Junge pro Gelege (n = 735, 1971–73, LLOYD 1979), wobei 0,83 Junge (n = 116) bei den frühen Bruten und nur 0,56 Junge (n = 228) bei den späten ausflogen (Kalendereffekt, vgl. Jahreszyklus). Auf der Isle of May dagegen war der Erfolg auch gegenüber den dort brütenden Trottellummen (siehe Energetik) und Papageitauchern mit 0,53–0,68 Jungen pro Gelege (n = 187, 1982–84) sehr niedrig (HARRIS & WANLESS 1986a).

Gründe für den unterschiedlichen Erfolg sind einmal „innere“ Faktoren wie Alter, Erfahrung und individuelle Fitness der Eltern, zum anderen „äußere“ Faktoren, wie Nahrung (vgl. Kap. 4.1.2), aber auch Brutplatztyp und Prädation.

In überdachten und damit geschützten Brutplätzen ist der Bruterfolg mit 0,7 Jungen pro Gelege signifikant höher als an exponierten Brutplätzen mit nur 0,55–0,51 Jungen (HUDSON 1982). Möglicherweise erhält das Junge in der geschützten Felsspalte mehr Futter, da es gelegentlich unbewacht bleiben kann (HARRIS & BIRKHEAD 1985). Auf den Felssimsen muß bis zum Verlassen des Brutplatzes ein Elternvogel immer beim Küken bleiben, damit es nicht Möwen oder Kolkraben zum Opfer fällt. Auf Skokholm werden allein dreiviertel der Eiverluste durch Dohlen (*Corvus monedula*) und Silbermöwen verursacht (LLOYD 1979).

TIM BIRKHEAD (1993) berichtet von einem außergewöhnlichen Naturexperiment, daß sich 1992 auf den flachen Felsen der Gannet Islands vor der Küste Labradors abspielte. Es zeigt den Einfluß von nur wenigen Eisfüchsen auf die Fortpflanzungsrate der Tordalken und anderer Seevögel. Diese Eisfüchse gelangten auf natürlichem Weg über das Winterpackeis vom Festland auf die etwa 45 km entfernten Inseln, die lediglich einige hundert Hektar groß sind. Die Folgen waren verheerend. Insgesamt hatten 80 % der Tordalken keinen Bruterfolg. Auf einer Insel, die vom Eisfuchs im Frühsommer schon wieder verlassen war, brüteten Ende Juli immerhin noch 20 % der Paare. Auf zwei Inseln, auf denen noch jeweils zwei Eisfüchse, einmal mit zwei Jungen lebten, fiel die Brut ganz aus. Da die Gannet Islands sehr flaches Terrain sind, konnten die Eisfüchse die Seevogel-Brutplätze leicht erreichen. Bei ihrer Annäherung flogen die Brutvögel wahrscheinlich in Panik ab und versammelten sich auf dem Wasser, wo sie sicher waren. Während der weiteren Brutsaison blieben die Vögel im Meer vor ihren Kolonien, kein Paar unternahm einen neuen Brutversuch. Als Kontrolle in diesem Naturexperiment kann eine Insel angesehen werden, auf die keine Eisfüchse gelangt waren. Hier brüteten die Tordalken und alle anderen Arten mit gutem Bruterfolg, z.B. hatten die Papageitaucher zu 89 % Bruterfolg. Die Brutausfälle auf den Nachbarinseln können daher nur mit den Eisfüchsen begründet und keinen anderen Ursachen zugeschrieben werden.

Verhalten zur Brutzeit

In den Kolonien herrscht viel Aktivität. Tordalken fliegen ab oder kommen im Bremsflug mit gefächertem Schwanz und gespreizten Füßen zurück. Nach dem Landen an ihrem Brutplatz lassen sie bei nach vorn geneigtem Körper ihre Flügel einen Moment angehoben (post-landing-posture, Abb. 3.13). Besitzanspruch wird auch damit bekundet, daß sie ihren Kopf nach hinten legen, den Schnabel dabei nach oben richten und rufen (head-vertical-posture). Schließlich führen sie den Kopf mit offenem Schnabel gegen die Brust (tucked posture), was Teil der Begrüßungszeremonie sein kann

Abb. 3.13: Tordalk streckt nach der Landung die Flügel (post-landing-posture; Isle of May).

(CRAMP 1985). Außerdem schnäbeln sich die Partner zur Begrüßung. Dieses Verhalten geht oft in ein zärtliches, gegenseitiges Putzen (allopreening) über. Bis auf die Paarungszeit sind Tordalken schweigsamer als Lummen.

In der Vorbrutzeit sitzt das Paar eng nebeneinander, sie schnäbeln und putzen sich gegenseitig, ehe sie einige Minuten kopulieren. Die Kopula findet mehrmals am Tag statt. Tordalken leben in Einehe. Bis zu 50 % der Weibchen akzeptieren aber auch wenigstens eine Kopulation mit einem anderen Männchen (WAGNER 1992a).

Während der Inkubationszeit schwimmt der nichtbrütende Partner nach der Nahrungssuche vor den Kolonien im Meer. Hier kann man sie beim ausgiebigen Baden beobachten, indem sie jede Körperseite abwechselnd ins Wasser rollen. Während der andere Partner brütet, sind sie überwiegend morgens an Land.

An der Brutpflege beteiligen sich beide Eltern und bringen gleich viel Futter (WAGNER 1992a).

3.3 Trottellumme

Die schwarzweiß gefärbten Trottellummen haben einen spitzen, schlanken, einfarbig schwarzen Schnabel und wirken schlanker als Tordalken. Im Ruhekleid sind sie grau, Kehle und Wangen werden weiß. Im Gegensatz zu den übrigen nordatlantischen Alken gibt es Trottellummen in zwei „Farbvarianten“. Sie sind dimorph. Man unterscheidet Lummen ohne oder mit schmalem, weißen Augenring, der in einer weißen Linie bis zur Ohrgegend ausläuft (Abb. 3.14 oben). Diese „Ringel- oder Brillenlummen“, wie

Abb. 3.14: Oben: Gruppe von Trottellummen mit einer „Brillenlumme“ (Isle of May). Unten: Gruppe von Trottellummen mit kleinen Jungen in der Brutkolonie (Isle of May).

letztere im Volksmund genannt werden, sind also keine eigene Art, sondern kommen in einem Süd-Nord-Gefälle von 0 % in Portugal bis 50 % in den arktischen Populationen vor. Auf der Isle of May ist das Verhältnis beider Formen (3–8 % Ringellummen) in den letzten 49 Jahren relativ konstant geblieben, obwohl große Bestandsschwankungen (siehe Trends) festgestellt wurden (HARRIS & WANLESS 1986b).

Trottellummen sind 42 cm groß, haben eine Flügelspannweite von 64–70 cm und wiegen 800-1.000 g (CRAMP 1985). Sie gehören zusammen mit den Dickschnabellummen zu den schwersten Alken, sind aber im Gegensatz zum ausgestorbenen 5,5–8 kg schweren Riesenalk noch flugfähig. Die Artbildung zwischen Trottellummen und Dickschnabellummen ist noch nicht abgeschlossen (vgl. Kap. 2.2; FRIESEN et al. 1993).

Verbreitung und Bestand

Das Verbreitungsgebiet der Trottellumme ist sehr groß. Die Hälfte des Weltbestandes von 8–10 Millionen Paaren brütet im Pazifik, die andere im Atlantik (LLOYD et al. 1991, siehe Tab. 1.1). Im Pazifik erstrecken sich ihre Koloniestandorte in einem Bogen von der kalifornischen Küste über Oregon, Britisch-Columbia und Alaska bis zur russischen und japanischen Küste in Asien. Im Nordatlantik brüten Trottellummen in den borealen und subarktischen Gewässern zwischen 40° und 76° nördlicher Breite (Abb. 3.15). Da sich in den subarktischen Gewässern die Verbreitungsgebiete von Trottel- und Dickschnabellummen überschneiden, gibt es auf Neufundland, den Gannet Islands / Labrador, Westgrönland, Island, Nordnorwegen, Kola-Halbinsel, Bäreninsel, Spitzbergen und Novaja Semlja gemischte Kolonien.

Nur 15 % der nordatlantischen Trottellummen-Population leben in Kanada, hauptsächlich auf Neufundland mit einer der größten Kolonien der Welt von geschätzten 400.000 Paaren auf Funk Island (BIRKHEAD 1993). 85 % verteilen sich auf den östlichen Nordatlantik, die Verbreitungsschwerpunkte lagen nach DAVID NETTLESHIP und PETER EVANS (1985) auf Island mit ca. 1,6 Millionen Brutpaaren und auf der Bäreninsel mit ca. 750.000 Brutpaaren. Heute müssen diese Zahlen relativiert werden. Bestandsangaben für Island weichen stark voneinander ab. Die große Fehlerbreite bei Schätzungen wird hier besonders deutlich. Während ARNBÓR GARDARSSON (1995) nur 990.000 Paare (Stand: 1983–85) angibt, geht AEVAR PETERSEN (1994a) von 1,1–1,3 Millionen Paaren und einer stabilen Population aus. Auf der Bäreninsel brach der Bestand stark ein (vgl. Trends).

Auf den Britischen Inseln zählen Trottellummen mit etwa 806.000 Paaren (LLOYD et al. 1991: Tab. 1) zu den häufigsten Seevögeln. Die größten Koloniestandorte gibt es in Schottland auf Handa (98.700 Vögel) und an den Klippen von Fowlsheugh nahe Aberdeen (52.300 Vögel).

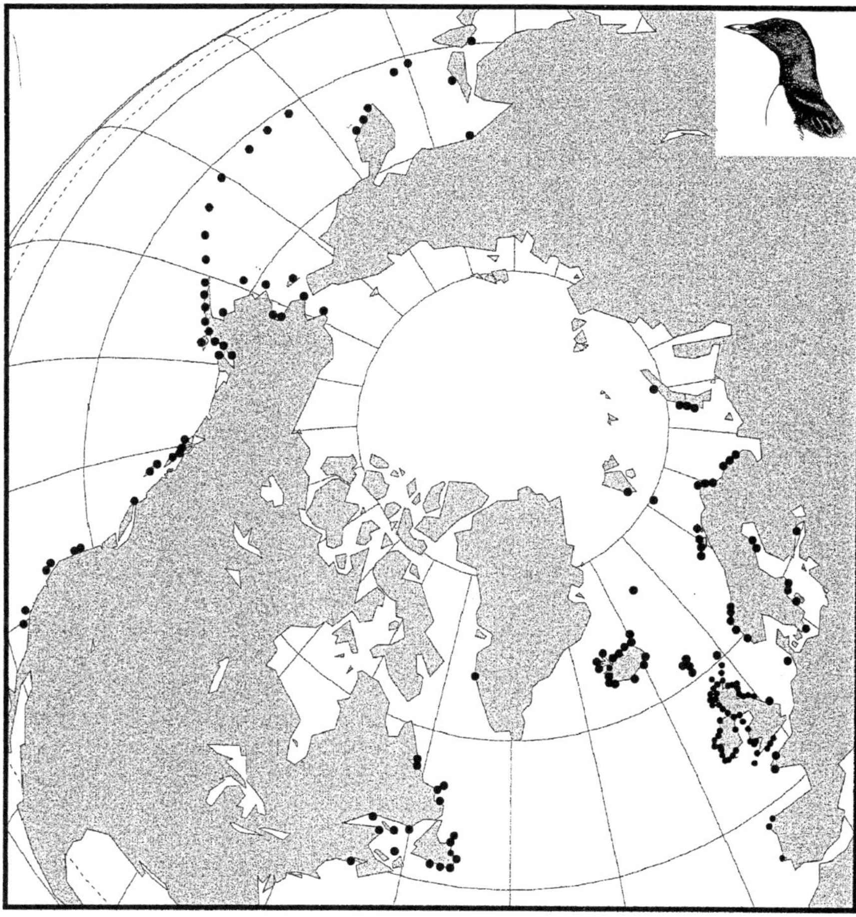

Abb.3.15: Brutverbreitung der Trottellumme (nach DEL HOYO et al. 1996, FLINT & GOLOVKIN 1994, NATIONAL GEOGRAPHIC SOCIETY 1994, NETTLESHIP & EVANS 1985).

Trends

Auf den Shetland- und Orkney-Inseln sowie der Isle of May nahm der Bestand ab Mitte der 1970er bis Anfang der 80er Jahre zunächst zu, stabilisierte sich dann oder nahm sogar wieder ab. So brüteten auf der Isle of May 1888 300 Paare (NETTLESHIP & EVANS 1985), die bis 1983 auf 15.000

Paare anstiegen. Von 1983–93 sank ihre Zahl wieder um jährlich 1,6 % auf 12.500 Brutpaare (HARRIS & WANLESS 1995).

Anders die Situation im Südwesten Großbritanniens. Bis Mitte der 1970er Jahre sanken hier die Bestände: auf Lundy um 10 %, auf Skokholm um 3 % und am South Stack/Nordwales um 2 % jährlich. Danach stabilisierte sich der Bestand beispielsweise auf Skomer auf 2.000 Paare und stieg von 1979–88 um mehr als 10 % jährlich auf 4.000 Paare an (HATCHWELL 1991a), während die Population auf Lundy von 1981–1986 stabil blieb (LLOYD et al. 1991).

Dramatische Rückgänge erlebten Trottellummen auf der Iberischen Halbinsel; von ehemals 20.000 Vögeln in den 1950er Jahren gibt es gegenwärtig (1991) noch 6–10 Paare (DEL HOYO et al. 1996).

Auch in vielen Kolonien Norwegens nahmen Trottellummen ab. Zwischen 1964 und 1974 sank ihr Bestand um 38 % (BRUN 1979). Danach stiegen die Werte in Nordnorwegen z.B. auf Hornøya (1983: 5.000 Brutpaare) und Reinøya (1983: 500 Brutpaare) wieder deutlich an (FURNESS & BARRETT 1985), um nach dem Zusammenbruch der Kapelan-Population (1986/87), hier ihre Hauptnahrung, wieder um 80–90 % zurückzugehen (BARRETT & FURNESS 1990; VADER et al. 1990).

Auf der Bäreninsel brach die Population zwischen 1986 und 1987 von 250.000 auf 36.000 Paaren um 85–90 % ein, da der Kapelan in der Barentsee überfischt worden war. Mit allmählich zunehmender Nahrung erreichte die Population 1989 wieder 35 % ihres Bestandes von 1986 (DEL HOYO et al. 1996, MEHLUM & V. BAKKEN 1994).

Helgoland, der einzige deutsche Standort einer Brutkolonie, zeigt in den letzten Jahrzehnten eine Zunahme. Nachdem 1947 schon einmal 2.000 Trottellummen hier brüteten, sank die Population 1975 zunächst auf 825 Paare (RHEINWALD 1982), 1993 stieg der Bestand wieder auf 2.240 Paare (GRUNSKY 1994), 1995 waren es bereits 2.600 Paare. OMMO HÜPPOP (1996) vermutet, daß der starke Anstieg durch ein verbessertes Nahrungsangebot um Helgoland und nicht durch verminderte Mortalität erfolgte.

Mortalität

Die jährliche Überlebensrate der Brutvögel beträgt zwischen 87,1 % und 93,7 % (CRAMP 1985), die der Jungvögel bis zum 5. Lebensjahr nur 28,6–41,1 % (BIRKHEAD & HUDSON 1977). Die Sterblichkeit der Jungen ist im ersten Herbst besonders hoch (BIRKHEAD 1974). Zum ersten Mal konnten MIKE HARRIS et al. (1992) für Alken überhaupt nachweisen, daß früh ausgeflogene Trottellummen in Jahren mit hohem Bruterfolg zwei- bis dreimal bessere Überlebenschancen haben als Junge, die drei Wochen später erbrütet worden sind. Bisher ging man davon aus, daß das Ausfliegedatum keinen Einfluß auf die Überlebensrate hat (HEDGREN 1981). Dies kann aber sehr wohl ein Effekt von zu wenigen Untersuchungsjahren und zu kleinen Wiederfundraten sein. Manche Fragen können mit Beringung (siehe HEDGREN 1981) allein nicht geklärt werden. Gerade Lebenstafeln und Mortalitätsraten bedürfen der Überprüfung im Freiland (siehe HARRIS et al. 1992). Denn Wiederfunde sind nur scheinbar repräsentativ, da sie auch von den Fundumständen abhängen. Vögel, die eines natürlichen Todes sterben, werden z.B. weniger häufig gefunden. Außerdem können Vögel Ringe verlieren oder abstreifen. Vorsicht ist also bei der Interpretation von Mortalitätsdaten geboten (vgl. LAKHANI & NEWTON 1983).

Bruthabitat

Trottellummen brüten in großen Kolonien auf breiten bis sehr schmalen Felsbändern an Steilklippen bis 150 m über dem Meer, auf Felsnadeln oder auf flachen Inseln. Kein anderer Alk toleriert eine so große Nähe zum nächsten Nachbarn. In dichten Kolonien stehen zwei Vögel fast in Körperkontakt nur 5 cm auseinander. Daher verteidigen Trottellummen das kleinste unter den Vögeln bekannte Nestterritorium von nur 500 cm^2 (CRAMP 1985), eine Fläche so klein wie vier Tafeln Schokolade! Eine noch größere Dichte herrscht in der Brutkolonie auf einem Felsplateau der Isle of May mit einem Paar pro 250 cm^2 (HARRIS & WANLESS 1995) und auf Funk Island/Neufundland — ebenfalls einem flachen Habitat — mit einem Paar pro 130 cm^2 (BIRKHEAD 1993)!

Trottellummen bauen kein Nest, sondern legen ihr einziges Ei auf den nackten Fels.

Jahreszyklus

Je nach geographischer Breite kehren Trottellummen zwischen Februar und Mai zu ihren Brutkolonien zurück. Hier treffen sich die Partner nach dem Winter wieder, die Brutplatztreue ist mit 96 % auf Skomer (BIRKHEAD 1977a) oder 85,7 % auf der Isle of May (HARRIS et al. 1996) sehr hoch. Erstmals brüten Trottellummen im Alter von fünf bis sechs Jahren (HARRIS et al. 1994). Der Brutbeginn liegt in Großbritannien Anfang bis Mitte Mai, in Spitzbergen erst Mitte Juni. Innerhalb einer (Teil)kolonie brüten sie sehr synchron (HATCHWELL 1991b). Trottellummen legen ein etwa 108 g schweres Ei (MAKATSCH 1974), das sie auf ihren Tarsen bebrüten (Abb. 3.16). Das Ei ist kreiselförmig und daher nach BEAT TSCHANZ (1959) relativ „wegrollsicher“ konstruiert. PAUL INGOLD (1980) und TIM BIRKHEAD (1993) bestreiten dies. PAUL INGOLD (1980) zeigte in Rollversuchen, daß das Ei

Abb. 3.16: Trottellummen bebrüten ihr Ei auf den Tarsen (Zeichnung F. WEICK nach Foto E. & D. HOSKING in FREETY 1987).

zwar Kreiselbewegungen macht, doch der Durchmesser des Kreises oft viel größer als die Breite des Felssimses ist. Trotzdem hält sich bis heute in den meisten Büchern die Meinung von BEAT TSCHANZ.

Das Ei ist sehr individuell von weißlich, blau, grün bis rötlich gefärbt und mit dunklen Punkten, Flecken oder Linien versehen, denn allein an der Grundfarbe und der Musterung können Trottellummen ihr Ei erkennen (TSCHANZ 1959, 1968).

Wie bei Tordalken, läßt sich auch bei Trottellummen ein Kalendereffekt feststellen (HARRIS & WANLESS 1988, vgl. Kap. 3.2: Jahreszyklus). Mehr als 50 % der Eiverluste geschehen in den ersten drei Tagen nach dem Legen. Besonders zu Beginn der Brut besteht die Gefahr, daß es beim Partnerwechsel auf den schmalen Felssimsen abstürzt. Frühe Paare zeitigen innerhalb der nächsten 14 Tage zu 88–90 % ein Folgegelege. Paare, die dagegen erst 13 Tage nach dem mittleren Legebeginn ihr Ei verlieren, haben nur noch zu 40 % ein Folgegelege (HATCHWELL 1991b: Fig. 1). Auf Stora Karlsø/Gotland-Schweden war das Folgeei im Mittel 6 % kleiner als das Erstei (HEDGREN & LINNMAN 1979). Die Inkubationszeit beträgt 32 Tage. Die Nestlinge bleiben etwa 21 Tage am Brutplatz (BIRKHEAD 1993, HEDGREN 1981) und werden vom Männchen danach 53–70 Tage auf dem Meer bis zur Unabhängigkeit versorgt. Die Weibchen sind noch zwei bis drei Wochen länger als die Männchen am Brutplatz zu beobachten.

Nach dem Verlassen der Brutkolonien beginnt die Mauser, die sich von Ende Juli bis November hinzieht. Während die Vögel die Handschwingen gleichzeitig vermausern, sind sie 45–50 Tage flugunfähig (CRAMP 1985).

Beim Männchen fällt diese Zeit zusammen mit der Begleitung seines Jungen auf dem Meer bis zu dessen Unabhängigkeit.

Die Überwinterungsgebiete der Trottellummen liegen in der Arktis südlich der Packeisgrenze. Besonders im südlichen Verbreitungsgebiet überwintern sie nicht weit von ihren Brutkolonien entfernt. Auf der Isle of May, wo zur Brutzeit große intraspezifische Konkurrenz um die dichtgedrängten Nistplätze herrscht, besuchen sie selbst im Herbst und im Winter alle paar Tage für einige Stunden ihre alten Brutplätze, um ihren Besitzanspruch für das nächste Frühjahr zu demonstrieren und den Paarzusammenhalt über das ganze Jahr zu festigen (HARRIS & WANLESS 1986b, 1989). Die kürzeste Abwesenheit vom Koloniestandort nach der Brutperiode betrug bei Männchen 82 Tage, bei Weibchen 70 Tage (HARRIS & WANLESS 1990).

In der Ostsee vor Schleswig-Holstein und den Gewässern um Dänemark überwintern regelmäßig britische, norwegische und schwedische Vögel (BRÄGER 1995, LYNGS & KAMPP 1996).

Nahrung

Trottellummen fressen überwiegend Fisch, hauptsächlich Sandaale, Sprotten, Hering und Kapelan, außerdem Wirbellose wie kleine Krebstiere. Die Nahrungsgebiete in der Nordsee liegen zur Brutzeit durchschnittlich bis 30 km von den Koloniestandorten entfernt (TASKER et al. 1987). Auf Neufundland suchten sie im Verlauf der Brutzeit unterschiedliche Nahrungsgebiete auf; während der Bebrütungszeit legten sie im Mittel 38 km pro Flug, während der Jungenaufzucht nur noch 5,4 km pro Flug zurück (CAIRNS et al. 1987). Die meisten Fische fangen sie bis zu einer Tauchtiefe von 10–30 m, regelmäßig auch bis 50 m. Sie können aber bis 180 m Tiefe tauchen (PIATT & NETTLESHIP 1985). Da eine Beziehung zwischen der Körpermasse und der maximalen Tauchtiefe besteht, können die mit 1000 g schwersten Alken — Trottellummen und besonders Dickschnabellummen (vgl. Kap. 3.4: Nahrung) — auch am tiefsten tauchen. Die Tauchzeit der Trottellummen pro Tauchgang beträgt meist eine Minute, maximal sind 2,3 Minuten gemessen worden (BIRKHEAD 1993).

Gefüttert wird jeweils nur e i n Fisch, der längs im Schnabel transportiert wird. Die durchschnittliche Fischlänge beträgt bei Sandaalen 122 mm und bei Sprotten 102 mm (HARRIS 1984). Die Jungen der Trottellummen erhalten damit etwa doppelt so lange Fische wie Papageitaucherküken. Die schwerste Ladung, die Trottellummen gerade noch tragen können, wiegt maximal 20 g.

Energetik

Ausgewachsene, in Gefangenschaft gehaltene Trottellummen benötigen täglich etwa 280–320 g Nahrung (JOHNSON & WEST 1975), das entspricht 28–34 % ihrer Körpermasse. Während der Jungenaufzucht verbrauchen die Eltern mit 1.870 kJ/Tag wesentlich mehr (GABRIELSEN et al. 1991).

Je nach Alter und Nahrungsangebot werden die Jungen drei- bis fünfmal am Tag gefüttert. Sechs bis acht Tage alte Nestlinge erhalten mit durch-

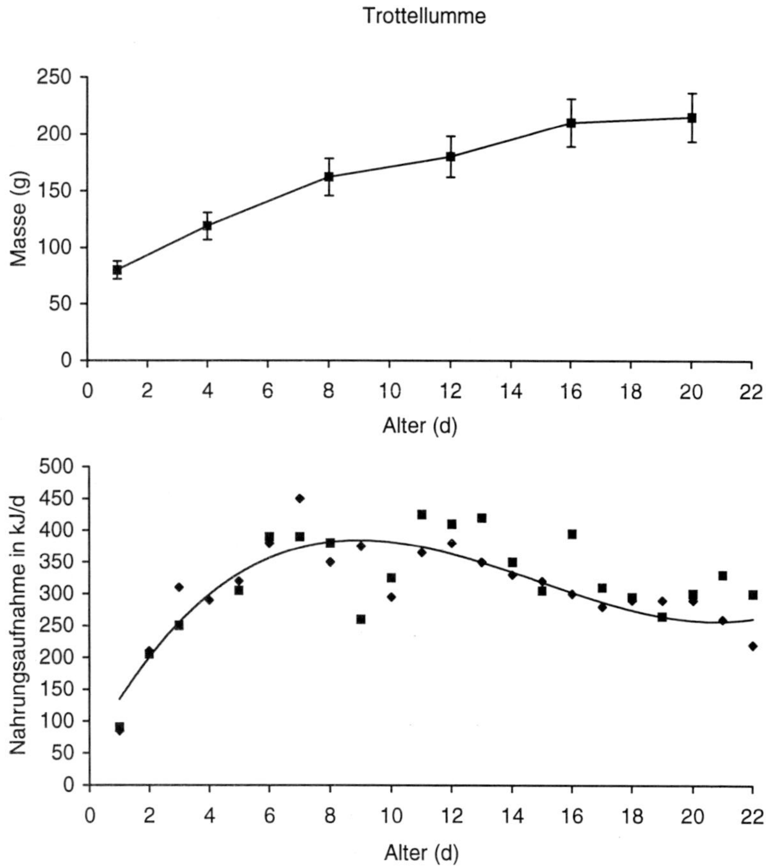

Abb. 3.17: Oben: Masseentwicklung von Trottellummenküken (Daten nach HATCHWELL 1991a: Fig. 9). Unten: Tägliche Nahrungsaufnahme in Relation zum Alter der Küken (Daten nach HATCHWELL 1991a: Fig. 7).

schnittlich 4,6 Fischen pro Tag die meiste Nahrung, wobei die verfütterte Energiemenge etwa 370 kJ entspricht. 20 Tage alte Nestlinge bekommen nur noch etwa 250–300 kJ pro Tag (HATCHWELL 1991a und Abb. 3.17 unten). Die Nahrungsmenge ist je Koloniestandort unterschiedlich. Während die Jungen auf Skomer täglich etwa 28 g Nahrung erhalten (BIRKHEAD 1977b), bekommen sie auf Stora Karlsø 32 g und auf der Isle of May sogar 30–61 g (HARRIS & WANLESS 1988), wo sie mit 265 g auch am schwersten sind.

Trottellummen reagieren während der Jungenaufzucht auf Änderungen in der Nahrungsverfügbarkeit, indem sie ihre Tagesaktivität und das Nahrungssuchverhalten flexibel an die jeweilige Nahrungssituation anpassen. Nachdem in den Gewässern um die Shetland-Inseln die Biomasse der Sandaale während der 1980er Jahre wegen Überfischung um etwa 70 % gesunken war, stieg sie im nahrungsreichen Jahr 1991 gegenüber 1990 wieder um das vierzigfache an. Beim Vergleich dieser beiden unterschiedlichen Nahrungsjahre kommen MONAGHAN et al. (1994) in ihrer Zeitbudget-Analyse zu folgenden Ergebnissen:

1. Die Trottellummen benötigten mit durchschnittlich 178 Minuten im nahrungsarmen Jahr doppelt soviel Zeit pro Nahrungssuchflug wie im nahrungsreichen mit 76 Minuten.
2. Pro Nahrungssuchflug flogen sie im nahrungsarmen Jahr sechsmal so weit vom Brutkoloniestandort fort und versechsfachten die Flugzeit während der Nahrungssuche von zwei auf 12,3 Minuten.
3. Die Tauchzeit pro Nahrungssuchflug verfünffachte sich bei Nahrungsmangel von 11,7 auf 60,8 Minuten.

Änderungen in der Tagesaktivität und im Nahrungssuchverhalten beider Jahre zeigten zwar keine signifikanten Unterschiede in der Zahl der ausgeflogenen Jungen pro Brutpaar wohl aber in der Zahl der ausgeflogenen Jungen pro erfolgreichem Brutpaar (UTTLEY et al. 1994). Im nahrungsarmen Jahr erhielten 1–10tägige Junge zwar mehr größere Sandaale, aber nur halb soviele Fütterungen pro Tag wie im nahrungsreichen Jahr (im Durchschnitt 3 gegenüber 6 Fütterungen pro Tag). Die Trottellummen konnten den Nahrungsmangel nicht vollständig kompensieren. Daher flogen insgesamt im nahrungsarmen Jahr signifikant weniger Junge pro erfolgreichem Brutpaar als im nahrungsreichen Jahr aus (78 % gegenüber 98 %; $p<0{,}01$). Die Ausfliegemasse der Küken war im nahrungsarmen Jahr trotz einer drei Tage längeren Nestlingszeit niedriger (UTTLEY et al. 1994).

Innerhalb eines fünfjährigen Untersuchungszeitraumes wirkten sich auf der Isle of May mit optimalen Nahrungsbedingungen kurzfristige Nahrungsschwankungen nicht auf die Gesamtentwicklung der Jungen aus. Obwohl der Nahrungseintrag während der Nestlingszeit stark schwankte und die

Energieaufnahme an manchen Tagen um 50 % reduziert sein konnte, zeigten Ausfliegemasse und Flügellänge der Küken keine Beeinträchtigungen (HARRIS & WANLESS 1988). Offensichtlich wurden kurzfristige Nahrungsengpässe an darauffolgenden Tagen kalorisch wieder ausgeglichen.

Auf Skomer hatten Änderungen der Nahrungszusammensetzung (1973–75: 99 % Sprotten gegenüber 1985–87: 79 % Sprotten und 21 % Sandaale) auch keinen Einfluß auf die Wachstumsrate oder die Ausfliegemasse der Jungen (HATCHWELL 1991a), Sprotten wie Sandaale sind allerdings beide sehr hochwertige Fische (vgl. Tab. 3.1). Daß früh geschlüpfte Junge auf Skomer täglich 347,3±45,8 kJ/Tag, spät geschlüpfte dagegen nur 289,8±73,4 kJ/Tag (n=10) erhielten, lag nicht im Nahrungsmangel begründet, sondern in der möglicherweise geringeren Erfahrung der Eltern (HATCHWELL 1991b).

Fazit: Ein gradueller Nahrungsmangel kann durch erhöhten Aufwand bei der Nahrungssuche kompensiert werden, bei Unterschreitung einer bestimmten Nahrungsverfügbarkeit leiden die Jungen jedoch Mangel und der Bruterfolg sinkt.

Jugendentwicklung

Schon vor und während des Schlupfs lernt das Küken die individuellen Lockrufe seiner Eltern kennen (TSCHANZ 1968). Diese feste akustische Bindung des Kükens an die Eltern ist besonders in dichten Kolonien für die Aufzucht sehr wichtig (WEHRLIN 1977). Der sog. „Wasserruf" des Kükens dient ebenfalls der intensiven Stimmfühlung zwischen Eltern und Jungem und spielt beim Verlassen des Brutplatzes eine große Rolle (s.u.)

Die Küken wiegen beim Schlupf etwa 68 g (HATCHWELL 1991a) und erreichen bis zum 17. Lebenstag ihre Maximalmasse von 200–250 g (vgl. Abb. 3.17 oben). Generell haben sie beim Verlassen des Brutplatzes nach 21 Tagen erst 25–30 % der Größe und der Masse ihrer Eltern (HEDGREN 1979, 1981, HARRIS & WANLESS 1986b, vgl. Abb. 4.2).

Da die Küken in großer Enge auf schmalen Felssimsen aufwachsen, entwickelten sich zum Schutz gegen Absturz spezielle Verhaltensweisen. Instinktiv sucht das Küken die Dunkelheit (= negative Phototaxis) und hält sich nahe zur Felswand auf (WEHRLIN 1977). Es hat einen starken Trieb, sich „einzukuscheln" und elterlichen Kontakt zu halten (TSCHANZ 1968). In Ausnahmefällen wurde sogar beobachtet, daß Küken kurzfristig beim Nachbarn unterschlüpfen (TSCHANZ 1959, BIRKHEAD 1993). Selbst 20 Tage alte Junge werden noch 75 % des Tages von einem der einander ablösenden Eltern gehudert (WEHRLIN 1977), obwohl sie schon nach neun bis zehn Tagen ihre Körpertemperatur selbst regulieren können (JOHNSON & WEST

Abb. 3.18: Trottellumme beschattet ihr Junges (Staple Island).

1975). Die Beobachtung nestjunger Trottellummen ist daher nur selten möglich. Erst absprungbereite Küken zeigen größere Bewegungsfreiheit.

Je nach Koloniestandort verlassen die Jungen den Brutplatz nach 21 Tagen (BIRKHEAD 1993). Sie können mit ihrem Mesoptilkleid (vgl. Kap. 3.2: Jugendentwicklung) nicht aktiv fliegen, da noch keine Schwungfedern ausgebildet sind. Mit ausgebreiteten kurzen Stummelflügeln segeln sie von den steilen Klippen ins Meer. Dabei lassen sie den weittragenden hellen und gedehnten „Wasserruf" vernehmen, der auch noch auf hoher See dem Familienzusammenhalt dient (HÜLSMANN 1996). Das Männchen hält während des Sprungs mit seinem Jungen Kontakt. Landet das Junge im Gras, fliegt der Elternvogel weiter bis ins Meer und erwartet es rufend in Ufernähe (TSCHANZ 1959). Manche Küken sterben beim Auftreffen auf die Klippen oder werden mit den Wellen gegen den Fels geschleudert, besonders bei stark auflandigem Wind. Dieser „Lummensprung" findet meist in der Abenddämmerung, in der Arktis während der geringsten Lichtintensität um Mitternacht statt und verläuft in einer (Teil)kolonie noch synchroner als der Legebeginn. Das bedeutet, daß innerhalb von einigen Stunden mehrere tausend Küken ihren Brutplatz verlassen.

Es ist ein einmaliges Naturschauspiel, diese aufgeregte Atmosphäre in einer Kolonie wie z.B. Fowlsheugh/Schottland mitzuerleben. Wenn die Zeit gekommen ist, gehen die Küken immer wieder an den Klippenrand, weichen zurück und rufen ihre Eltern. Diese locken ihr Junges, um es zum Sprung zu bewegen. Besonders der Vater hält die ganze Zeit über den Kontakt. Der Lärm ist unglaublich, eine Kakophonie, und man ist wirklich erstaunt, wie Vater und Kind sich gegenseitig noch hören können. Mit etwas Glück läßt sich dieses Schauspiel beispielsweise an den Festlandskolonien in Großbritannien spätabends beobachten.

Auf den wenigen flachen Brutbiotopen dagegen müssen sich die Küken mit ihrem Vater zu Fuß durch die Kolonie zum Meer begeben. TIM BIRKHEAD (1993) erlebte sogar einmal, wie an einem sonnigen Nachmittag 16.000 Junge zusammen mit ihren Vätern über eine der flachen Gannet Islands/Labrador zur See wanderten. Man kann sich dieses überwältigende Schauspiel kaum vorstellen, daß er mit großer Begeisterung beschrieben hat.

Um das Risiko zu minimieren, von Groß- und Raubmöwen erbeutet zu werden, müssen Spätbrüter sogar ihre Inkubationszeit oder die Nestlingsperiode verkürzen (HATCHWELL 1991b). So flogen in (Teil)kolonien innerhalb von 10 Tagen 82,3 % (n = 17.897) der Jungen auf Stora Karlsø und 80 % (n = 297) der Jungen auf Skomer aus (HEDGREN 1981, HATCHWELL 1991b). Innerhalb der nächsten 53–70 Tage beenden die Jungen ihre Entwicklung auf dem Meer und werden bis zu ihrer Unabhängigkeit vom Männchen mit Nahrung versorgt (HARRIS et al. 1992, vgl. Kap 4.1).

Im Alter von zwei bis sieben Jahren finden sich die Halbstarken im Sommer in ihren Geburts- oder auch in anderen Kolonien ein und bilden als „Besucher" einen Teil der Immaturenpopulation (HALLEY & HARRIS 1993). Die Geburtsortstreue bei Trottellummen ist hoch. Auf der Isle of May kehren 64–67 % der Halbstarken in ihre Geburtskolonie zurück; 57 % von ihnen brüten dort später zum ersten Mal (HALLEY et al. 1995). Zwei- bis Dreijährige sind nur kurz anwesend, meist erst ab Mitte Juni, wenn die ersten Nestlinge der Brutvögel die Koloniestandorte verlassen. Sie bilden auf Felsen in der Spritzwasserzone sogenannte Junggesellenclubs. Hier üben sie Sexualverhalten und treffen meist ihren späteren Partner (BIRKHEAD & HUDSON 1977). Fünf- und sechsjährige kommen schon während der Inkubationszeit Mitte Mai an und bleiben länger. Je älter die Halbstarken sind, desto früher finden sie sich in den Koloniestandorten ein. Sie halten sich nahe den Brutsimsen auf und lernen so über mehrere Jahre ihren späteren Brutfelsen kennen. Erstbrüter verbrachten vorher etwa dreimal soviel Zeit in ihrer Brutkolonie als gleichalte Nichtbrüter (HALLEY et al. 1995).

Bruterfolg

Der Bruterfolg betrug auf Stora Karlsø 0,77–0,82 Junge pro Gelege (n=1.475, 1974–77, HEDGREN 1980), auf der Isle of May 0,71–0,82 (n=3.148, 1982–88, WANLESS & HARRIS 1988), auf Skomer 0,62–0,74 (n=486, 1973–75, BIRKHEAD & HUDSON 1977), auf den Shetland-Inseln 0,59–0,70 (n=250, 1990–91, UTTLEY et al. 1994) und auf den Gannet Islands/Labrador 0,80–0,85 Junge pro Gelege (n=935, 1981–83, BIRKHEAD & NETTLESHIP 1987b). Größer war der Unterschied einzelner Jahre im Norton Sound in Alaska mit 0,51–0,78 Jungen pro Gelege (n=1.845, 1987–1991, MURPHY & SCHAUER 1994) und auf den Farallon Islands vor Kalifornien mit 0,14–0,82 Jungen pro Gelege (n=?, 1981–83, SPEAR 1993).

Der Bruterfolg ist von vielen Faktoren abhängig, die in einem komplexen Beziehungsgefüge zusammenwirken. An zwei Beispielen — Skomer/ Nordatlantik und den Farallon Islands/Nordpazifik — soll dies näher erläutert werden:

1. Auf Skomer wird der Bruterfolg entscheidend von Prädation durch Möwen beeinflußt (HATCHWELL 1991b). Der Erfolg ist um so größer, desto dichter und synchroner die Brutpaare auf den Felssimsen brüten. Ohne den Schutz von Nachbarn schnappen und hacken Möwen immer wieder nach Schwanz oder Flügelspitzen der Lummen, bis diese sich schließlich zur Seite bewegen oder abfliegen. Ei oder Junges werden dann gefressen. 62 % (n=26) der Ei- oder Jungenverluste gingen zu Lasten der Möwen (HATCHWELL 1991b). Je dichter Nachbarn zusammenstehen und je synchroner sie brüten, desto höher ist ihre Wachsamkeit gegenüber Angreifern und desto besser können sie sich mit ihren Schnäbeln gegen Möwen verteidigen. Im Experiment gingen Möwen in dichten Kolonien (>10 Trottellummen/m^2) leer aus, während sie in lockeren Kolonien (<3 Trottellummen/m^2) acht Eier innerhalb von einer Stunde erbeuteten. Spät geschlüpfte Küken, die nach dem synchronen Ausfliegen auf der Klippe zurückblieben, verschwanden am darauffolgenden Tag in 73 % der Fälle (n=11, BIRKHEAD 1977a).
2. Auf den Farallon Islands vor San Franzisco im Nordpazifik beeinflußten Prädationsdruck durch Möwen, Nahrungsmangel und Wettergeschehnisse gemeinsam den Bruterfolg. In der Kolonie hatten sich 2 % der männlichen Westmöwen (*Larus occidentalis*) auf Eier und Junge der Trottellummen spezialisiert. Während Möwen 1981 und 82 nur 0,4 und 0,5 % der Eier respektive 2,2 und 1,8 % der Jungen erbeuteten, erhöhte sich der prozentuale Beuteanteil 1983 auf immerhin 15,6 % der Eier und 4,2 % der Jungen, da wegen Nahrungsmangel nicht soviele Trottellummen zur Brut schritten (SPEAR 1993). 1983 gab es im Südpazifik ein El-

Niño-Jahr: In manchen Jahren kommt es bei bestimmten Wetterkonstellationen zu einer großflächigen Erwärmung der Deckschicht des gesamten tropischen Pazifiks. Warmes und damit sauerstoff- und nährstoffarmes Wasser schwappt aus dem westlichen Südpazifik an die südamerikanische Küste und verdrängt hier den kalten, nährstoffreichen Humboldtstrom. 1983 war das El-Niño-Phänomen so ausgeprägt, daß anormal warmes Wasser noch bis vor den Küsten Alaskas zu messen war. Durch die erhöhte Wassertemperatur nimmt die Biomasse an Plankton und Fischen ab, was die Reproduktion und die Überlebensrate der Seevögel beeinflußt (HODDER & GRAYBILL 1985). Der Bruterfolg der Trottellummen auf den Farallon Islands verminderte sich aus zwei Gründen:

a. Wegen Nahrungsmangels brüteten weniger Paare und
b. der Prädationsdruck der 2 % spezialisierten Möwen wirkte sich in nahrungsarmen Jahren bei wenigen Trottellummenküken stärker aus.

Verhalten am Brutplatz

Ohrenbetäubender Lärm und strenger Geruch kündigen den Lummenfelsen an. Während der Brutsaison steht hier eine Lumme dicht neben der anderen. Verhaltensweisen einzelner Vögel oder Paare in diesem Gedränge zu beobachten ist nicht einfach.

Landet ein Vogel an seinem Brutplatz, zeigt er seinen Besitzanspruch. Er steht auf seinen Tarsen, hat die Flügel noch weit aufgestellt und Kopf sowie Schnabel nach oben gereckt (post-landing-posture). Nach Ankunft begrüßen sich die Partner lautstark und mit Schnäbelfechten (fencing display). Diese Begrüßung kann in gegenseitiges Putzen (allopreening) übergehen, ein Verhalten, das während der Brutsaison am häufigsten zu beobachten ist.

Bevor das Weibchen ein Ei legt, verbringt es viel Zeit auf dem Meer und bei der Nahrungssuche, um für die Eientwicklung genügend Nähr- und Reservestoffe aufzunehmen. Nur zu Kopulationen kommt sie an den Brutplatz, den das Männchen während dieser Zeit bewacht. Nachbarn stimulieren sich gegenseitig zu Kopulationen, wodurch die Synchronisation beim Legen gewährleistet wird (BIRKHEAD 1993). Während der Inkubationszeit ist die brütende Lumme inaktiv und schläft viel. Der Partner sitzt oft dicht daneben oder schwimmt nahe der Kolonie im Meer.

Da die Vogeldichte in Trottellummenkolonien im Vergleich mit anderen Alken extrem hoch sein kann (siehe Bruthabitat), haben sich zahlreiche Beschwichtigungsgesten im Sozialverhalten entwickelt. So wird der spitze Schnabel vom Gegner weggedreht und kann daher nicht als „Waffe“ eingesetzt werden. Streiten sich zwei im Nachbarterritorium, putzt sich die Lumme an ihrer Seitenflanke (side-preening), um sich von den Streitenden abzuwenden. Wird sie trotzdem in einen Kampf einbezogen, ist er beendet, sobald der angegriffene Vogel seinen Kopf abwendet (turning away) oder weit wegstreckt (stretching away).

Plötzliche Windböen können eine punktgenaue Landung am Brutplatz verhindern. Sogleich entbrennt mit den Nachbarn Streit. Zur Beschwichtigung senkt der landende Vogel seinen Kopf und geht mit weit nach oben gehaltenen Flügeln zu seinem Brutplatz (wing-high walking), was soviel bedeutet, wie „ich will nur hier durchgehen und habe keine aggressiven Absichten“ (CRAMP 1985).

3.4 Dickschnabellumme

Die schwarzweiß gefärbten Dickschnabellummen sind in Größe und Masse (42 cm, 800–1.000 g) Trottellummen sehr ähnlich. Dickschnabellummen unterscheiden sich äußerlich von Trottellummen durch einen kürzeren und dickeren Schnabel mit weißlichem Streif am hinteren Oberschnabelrand (Abb. 3.19), einen größeren Brustkorb sowie längeren Flügeln (SPRING 1971, BIRKHEAD & NETTLESHIP 1987a). Es gibt keine Farbvarianten (vgl. Kap. 3.3).

Dickschnabellummen haben in Verbreitung, Lebensweise und im Verhalten zahlreiche Gemeinsamkeiten mit der nahe verwandten Trottellumme (vgl. Kap. 3.3 und 4.1; Artbildung vgl. Kap. 2.2). Hier sollen besonders die Unterschiede beider Arten hervorgehoben werden.

Abb. 3.19: Die Dickschnabellumme (rechts) hat im Vergleich mit der Trottellumme (links) einen kürzeren und dickeren Schnabel mit weißlichem Streif am hinteren Oberschnabelrand (Zeichnung F. WEICK nach GLUTZ & BAUER 1982).

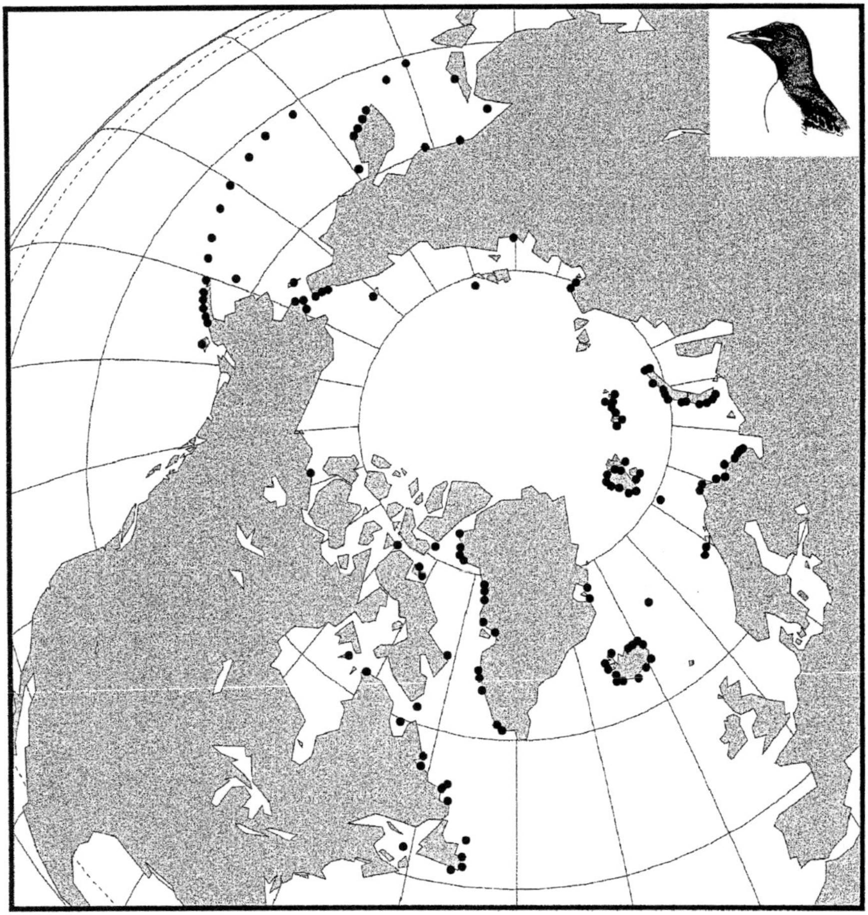

Abb. 3.20: Brutverbreitung der Dickschnabellumme (nach BIRKHEAD 1993, DEL HOYO et al. 1996, FLINT & GOLOVKIN 1994, NETTLESHIP & EVANS 1985).

Verbreitung und Bestand

Dickschnabellummen sind wie Trottellummen sowohl im Nordatlantik als auch im Nordpazifik verbreitet. Sie brüten in den subarktischen und arktischen Gewässern zwischen 46° und 82° nördlicher Breite. Ihr Verbreitungsgebiet ist gegenüber Trottellummen nach Norden verschoben und erstreckt sich im Nordatlantik von Neufundland über die Baffininsel nach Grönland und weiter über Island, Nordnorwegen, die Bäreninsel, Spitzbergen, Franz-Joseph-Land, Novaja Semlja, die Taimyr-Halbinsel und Wrangelinsel. Im Nordpazifik verläuft ihre Verbreitung in einem Bogen von Nordjapan bis zu den Aléuten (Abb. 3.20). Dickschnabellummen haben im Nordatlantik nach Krabbentauchern mit 6,8 Millionen Paaren den zweithöchsten Brutbestand (vgl. Tab. 1.1); wobei 76 % im östlichen Nordatlantik und nur 24 % im westlichen Nordatlantik verbreitet sind (NETTLESHIP & EVANS 1985). Außerdem leben etwa 4,5 Millionen Brutpaare im Nordpazifik (DEL HOYO et al. 1996).

Die größten Koloniestandorte von Dickschnabellummen liegen an der Grenze zwischen den subarktischen und arktischen Gewässern, z.B. auf Westgrönland im Thule-Bezirk, auf Spitzbergen und der Bäreninsel (NETTLESHIP & EVANS 1985).

Das südliche Verbreitungsgebiet in den subarktischen Gewässern überlappt sich mit dem der Trottellummen (= sympatrisches Brutareal). Sie brüten hier in gemischten Brutkolonien.

Trends

Es gibt nicht sehr viele zuverlässige Zählungen aus früherer Zeit. Doch in den meisten arktischen Kolonien zeichnen sich hohe Bestandsverluste ab. Alarmierend sind die Populationsabnahmen von 80–90 % in Westgrönland, insbesondere von der Disko Bay bis Upernavik (KAMPP 1990; KAMPP et al. 1994). Gründe dafür sind:

1. Dezimierung durch legale Jagd im Herbst und Winter ist vor Grönland, Labrador und Neufundland vorherrschend. Jährlich fallen den Inuit allein in Westgrönland 300.–400.000 Dickschnabellummen zum Opfer, vor allem die noch unerfahrenen, nicht geschlechtsreifen Vögel (FALK & DURINCK 1993). Die Überwinterer stammen dabei aus dem Ostatlantik, der kanadischen Arktis, aber auch aus Grönland selbst (siehe Jahreszyclus). Abschüsse von Brutvögeln im Sommer sind wahrscheinlich die Hauptursache für die gravierenden Populationsrückgänge (KAMPP et al. 1994). Zwar ist die Sommerjagd in Grönland selbst seit 1988 verboten, doch sind die Gesetze kaum durchzusetzen (vgl. Kap. 6.1).
2. Kommerzielles Sammeln von Eiern und Fangen von Jung- und Altvögeln zum Verzehr während der Brutzeit ist besonders in Grönland und Novaja Semlja z. T. bis heute verbreitet (NETTLESHIP & EVANS 1985).
3. Von 1965–1975 fanden jährlich 250.–500.000 Dickschnabellummen als Beifang der Treibnetzfischerei von Lachsen in der Davisstraße vor Westgrönland den Tod (KAMPP et al. 1994). Zu Beginn der 1970er Jahre

überstiegen daher in Westgrönland beide Todesursachen, Beifang und Jagd, die jährliche Nachwuchsrate (TULL & GERMAN 1972).

Kleine Populationen gibt es in Norwegen. Die größten Koloniestandorte befinden sich hier auf den Inseln Hjelmsøya (850 Brutpaare, NETTLESHIP & EVANS 1985) und Hornøya (1983: 350 Brutpaare, FURNESS & BARRETT 1985). Nach dem Zusammenbruch des Kapelans in der Barentsee (1986/87) sank allerdings der Brutbestand auf Hornøya um 30–40 % (BARRETT & FURNESS 1990). Auf dem Røst-Archipel brüten nur noch wenige Paare.

Mortalität

Die jährliche Überlebensrate der Brutvögel in Nordostkanada beträgt durchschnittlich 91 %, die der ausgeflogenen Jungvögel bis zur Erstbrut je nach Kolonie 19 % in Grönland bis 53 % in Kanada (CRAMP 1985).

Bruthabitat

Dickschnabellummen brüten auf Felsbändern in großen Kolonien, im Gegensatz zu Trottellummen aber nie auf flachen Inseln oder Plateaus und deshalb auch nicht in so gedrängter Dichte wie diese (vgl. Kap. 3.3: Bruthabitat).

Dickschnabellummen bauen kein Nest und legen nur ein Ei auf den bloßen Boden.

In gemischten Kolonien besteht interspezifische Konkurrenz um Brutplätze, wobei Trottellummen die Dickschnabellummen dominieren (BIRKHEAD & NETTLESHIP 1987b am Beispiel der Gannet Islands/ Labrador; WILLIAMS 1974 am Beispiel der Bäreninsel):

1. Trottellummen nutzen eine breitere Habitatnische (s. o.).
2. In gemischten Kolonien können Trottellummen größer und 1–4 % schwerer als Dickschnabellummen sein (BIRKHEAD & HARRIS 1985, BIRKHEAD & NETTLESHIP 1987a). Auf der Bäreninsel war dies nicht der Fall (WILLIAMS 1974).
3. Da Trottellummen sich agiler und aggressiver verhielten (SPRING 1971), wurden Dickschnabellummen von ihren optimalen Brutplätzen an breiten Felsbandränder verdrängt oder mußten meist auf so schmale Simse ausweichen, daß nur noch ein Partner Platz hatte.
4. Auf den Gannet Islands bewirkte die interspezifische Konkurrenz, daß während dreier Untersuchungsjahre (1981–83) Dickschnabellummen durchgängig einen schlechteren Bruterfolg als Trottellummen hatten (vgl.

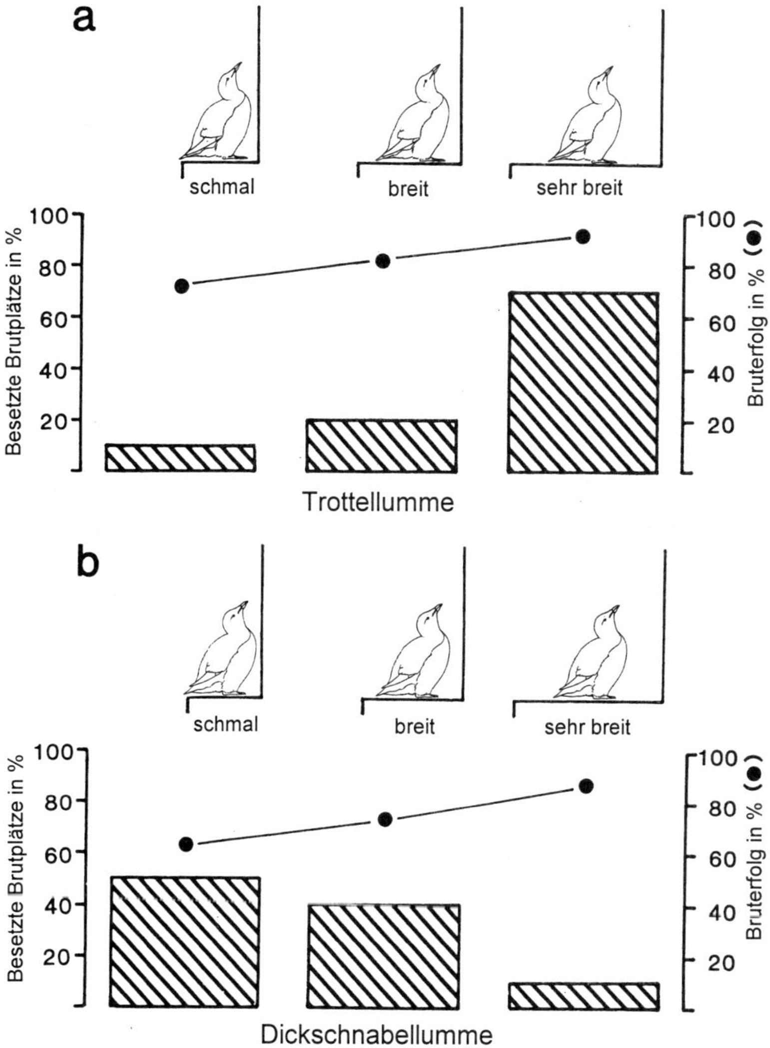

Abb. 3.21: Interspezifische Konkurrenz um Brutplätze in gemischten Kolonien. Trottellummen (oben) brüten auf den sehr breiten Felsbändern mit höchstem Erfolg. Sie verdrängen Dickschnabellummen (unten) auf die schmalen Felssimse. Hier brüten Dickschnabellummen mit viel geringerem Erfolg als auf den wenigen breiten Felsbändern (nach BIRKHEAD 1993: Fig. 18).

Bruterfolg, BIRKHEAD & NETTLESHIP 1987b). Trottellummen wie Dickschnabellummen erreichten den höchsten Bruterfolg auf sehr breiten Felsbändern (Abb. 3.21). Also müssen beide Arten um diese günstigen Plätze konkurrieren. Dabei setzten sich die Trottellummen zu über 70 % durch. Nur etwa 10 % der Dickschnabellummen hatten optimale Brutplätze, die Mehrzahl mußte sich mit deutlich schlechteren Nistmöglichkeiten zufrieden geben (Abb. 3.21).

Auf den Gannet Islands differierte ebenfalls das verfütterte Nahrungsspektrum zwischen beiden Arten, doch ob dieses Ergebnis aus Nahrungskonkurrenz resultierte, konnte von BIRKHEAD & NETTLESHIP (1987c) nicht klar beantwortet werden.

Jahreszyklus

Dickschnabellummen treffen etwa vier bis sechs Wochen vor der Eiablage in ihren Brutgebieten ein, wobei der Brutbeginn in den arktischen Regionen vom Eisrückgang abhängig ist und in einzelnen Jahren sehr unterschiedlich sein kann (BIRKHEAD & NETTLESHIP 1981). Der durchschnittliche Brutbeginn liegt auf Spitzbergen und bei Murmansk Ende Mai, in Novaja Semlja und Grönland Mitte bis Ende Juni, in Kanada im Lancaster Sound sogar erst Ende Juni bis Anfang Juli (BIRKHEAD & NETTLESHIP 1981, CRAMP 1985). In den (Teil)kolonien verläuft der Brutbeginn sehr synchron (HARRIS & BIRKHEAD 1985). Dickschnabellummen legen ein 105 g schweres Ei (MAKATSCH 1974), das etwa 10–13 % der Erwachsenenmasse entspricht (vgl. Abb. 4.6) und von beiden Partnern bebrütet wird. Das Ei ist individuell mit cremefarbener oder grüner bis blaugrüner Grundfarbe getönt und mit dunklen Flecken oder Schnörkeln verziert (MAKATSCH 1974), ähnlich dem Ei der Trottellummen. Auch Dickschnabellummen erkennen ihr eigenes Ei (GASTON et al. 1993). Gehen Eier verloren, zeitigen frühe Paare innerhalb von 14 Tagen ein Folgegelege (HARRIS & BIRKHEAD 1985). Die Inkubationszeit beträgt 32 Tage. Die Nestlinge bleiben 21 Tage am Brutplatz (BIRKHEAD 1993). Danach werden sie vom Männchen bis zur Unabhängigkeit weiter auf dem Meer versorgt.

In den subarktischen Gewässern vor Nordnorwegen und Südwestgrönland bleiben Dickschnabellummen das ganze Jahr über im Brutgebiet. Allein vor Südwestgrönland überwintern etwa 3 Millionen Vögel (FALK & DURINCK 1993), denn zu Brutvögeln gesellen sich im Winter noch Dickschnabellummen aus dem Ostatlantik und zu einem kleineren Teil die nach Süden ziehenden Lummen von Nordwestgrönland und aus der kanadischen Arktis (z.B. Baffininsel, Coburg Island, Prince Leopold Island).

Es gibt drei jeweils von Nordost nach Südwest gerichtete Hauptwanderrouten:

1. Die Population des Westatlantiks folgt dem Labradorstrom und erreicht direkt oder über Südwestgrönland ihr Hauptüberwinterungsgebiet vor Neufundland.
2. Dickschnabellummen von Spitzbergen ziehen Richtung Süd- und Südwestgrönland. Solche transatlantischen Wanderungen sind bei Trottellummen nicht beobachtet worden (Brown 1985).
3. Die nordrussische Population gesellt sich zur nordnorwegischen in der Barentsee (Cramp 1985).

Nahrung

Dickschnabellummen fressen Fisch, hauptsächlich Kabeljau und Kapelan, aber auch Grundfische und Plankton. Da sie in der Arktis erst nach Zurückweichen der Packeisgrenze brüten können, wandernde Fischschwärme aber nicht vom Eisgang beeinträchtigt werden, verlaufen hier Brutzeit der Vögel und hohes Nahrungsangebot nicht immer parallel (Birkhead & Nettleship 1981). Sie müssen dann auf Grundfische und Plankton ausweichen. Als Opportunisten können Dickschnabellummen ihren Speisezettel lokal auf die häufigste und/oder am besten zu erreichende Beute einstellen (Falk & Durinck 1993) und nutzen ein breiteres Nahrungsspektrum als Trottellummen (vgl. Kap. 3.3: Nahrung, Vader et al. 1990), was ihnen die Ausweitung ihres Brutareals nach Norden ermöglicht. Im Laufe ihrer Evolution haben Dickschnabellummen gegenüber Trottellummen folgende morphologische Anpassungen an die ökologischen Verhältnisse der Arktis entwickelt (nach Spring 1971):

1. Ihre Zunge ist breiter und nicht so stark verhornt (vgl. Kap. 2.3). So können sie sich auch von Plankton ernähren, das sich im Sommer in der Arktis reichlich entwickelt.
2. Das um etwa 18 % größere Brustmuskelvolumen (Abb. 3.22) ermöglicht ihnen längere Tauchgänge und größere Tauchtiefen, um auch Grundfische zu erlangen. Ihre maximale Tauchtiefe beträgt 210 m, ihre längste Tauchzeit pro Tauchgang 3,7 Minuten (Croll et al. 1992; vgl. Trottellummen Kap. 3.3: Nahrung). Der Brustmuskel dient beim Tauchen als zusätzlicher Sauerstoffspeicher (Myoglobin).
3. Mit ihren längeren Flügeln können sie größere Distanzen effizienter fliegen, wenn auch insgesamt gesehen ihr Flugvermögen schlecht ist (vgl. Kap. 4.1.1). Je nach Nahrungsverfügbarkeit überwinden sie zur Nahrungssuche während der Brutzeit Entfernungen von 56 bis 175 km (Bradstreet & Brown 1985, Gaston 1985a).

Während der Aufzucht können Eltern andere Nahrung zu sich nehmen als sie ihrem Jungem bringen, auch wenn sie deshalb verschiedene Nah-

Abb. 3.22: Körperhaltung von Trottellumme (links) und Dickschnabellumme (rechts) im Vergleich (Zeichnung F. WEICK nach SPRING 1971: Fig. 1). Obwohl die Trottellumme nur etwa zwei Prozent schwerer als die Dickschnabellumme ist, hält sie sich aufrechter und scheint größer als die Dickschnabellumme. Der Brustkorb der Dickschnabellumme ist breiter als der der Trottellumme.

rungsgründe und Tauchtiefen aufsuchen müssen, denn das Küken erhält nahezu ausschließlich Fisch (GASTON & BRADSTREET 1993). Gefüttert wird jeweils nur ein Fisch, der eine durchschnittliche Länge von 100–180 mm hat und etwa 10–14 g wiegt (BIRKHEAD & NETTLESHIP 1987c; BRADSTREET & BROWN 1985).

In Jahren mit viel Nahrung haben die Jungen eine höhere Ausfliegemasse (GASTON & NETTLESHIP 1982) und damit wahrscheinlich auch bessere Überlebenschancen (HUNT et al. 1986). Gleichzeitig brauchen die Eltern weniger Zeit für die Nahrungssuche und sind entsprechend länger an den Brutplätzen anwesend, um ihre Küken vor Angreifern zu schützen.

Energetik

Erwachsene Dickschnabellummen benötigen etwa 280–320 g Nahrung pro Tag (JOHNSON & WEST 1975). Brütende Dickschnabellummen verbrauchen täglich etwa 1.250–1.670 kJ (GASTON 1985a) während der Nestlingsaufzucht sogar bis 1.860 kJ Energie (GASTON & PERIN 1993). Diese Energiemengen entsprechen denen der Trottellummen (vgl. Kap. 3.3 Energetik).

Massemessungen zeigten, daß Dickschnabellummen (keine Unterscheidung nach Geschlechtern) durch Einlagerung von Fett im Unterhautgewebe bis zum 20. Bebrütungstag um 40 g (> 4 %) zunahmen (GASTON 1985a). Damit verbessert sich nicht nur die Isolation für den bewegungslos brütenden Vogel gegenüber der Kälte der Arktis, sondern es vergrößert sich auch das Gesamtfettdepot, um bis zu 48 Stunden auf dem Nest brüten zu können (CROLL et al. 1991). (Zum Vergleich erhöhen Gryllteisten, die mehr in subarktischen und gemäßigten Breiten brüten, bei Kältestress „nur" ihren Stoffwechsel, verbrennen also mehr Körperfett; GABRIELSEN et al. 1988).

Ab dem 21. Bebrütungstag bis zum Ende der Nestlingszeit nahmen Dickschnabellummen wieder um 120 g ab. Durchschnittlich verloren die Vögel etwa 3 g Masse täglich (GASTON 1985a), doch die Abnahme erfolgte nicht gleichmäßig. Neuere Untersuchungen von ANTHONY GASTON und SOFIA PERIN (1993) ergaben, daß sie unmittelbar während und nach dem Schlupf des Kükens deutlich abnahmen. Innerhalb von ein bis zwei (maximal vier) Tagen verloren sie durch Abbau von Fettreserven und eine geringere Nahrungsaufnahme zugunsten des Kükens 44–86 g (= 4–8 %) an Masse. DONALD CROLL et al. (1991) diskutieren dies im Zusammenhang mit einem besseren Flugvermögen und der daraus resultierenden höheren Flugeffizienz, denn der Netto-Masseverlust während der Jungenaufzucht ging mit erhöhter Aktivität für Nahrungsflüge einher (GASTON 1985a). Die energetischen Kosten für die Jungenreproduktion werden somit vorübergehend vermindert. (Beim pazifischen Zwergalk *Aethia pusilla* ist ein 4–10 %iger Masseverlust kurz nach dem Schlupf des Kükens ebenfalls nicht auf Stress bei der Reproduktion, sondern als genetisch programmierte Antwort auf wachsende Fluganforderung zurückzuführen; JONES 1994).

Ein- bis zweitägige Junge der Dickschnabellumme erhalten zwar kleinere Fische als ältere (BRADSTREET & BROWN 1985), die Fütterungsfrequenz ändert sich aber kaum mit ihrem Alter und erfolgt etwa drei- bis fünfmal täglich (GASTON 1985a). Die Nestlinge auf Prince Leopold Island bekommen durchschnittlich 37–62 g Nahrung pro Tag, was etwa 180–300 kJ entspricht (errechnet nach Angaben von GASTON 1985a). Auf den Gannet Islands/Labrador erhielten die Jungen im nahrungsarmen Jahr 1982 täglich 241 kJ (= 41,3 g pro Tag) und 1983 382 kJ pro Tag (= 58,6 g; BIRKHEAD & NETTLESHIP 1987c). Die Gannet Islands liegen zwar 21 Breitengrade südlicher als Prince Leopold Island, die gefütterte Nahrungsmenge und die damit verbundene Energieaufnahme für die Nestlinge ist durchaus vergleichbar, wenn man bedenkt, daß die Ergebnisse mehr oder weniger auf Schätzwerten beruhen.

Jugendentwicklung

Ein- bis zwei Tage alte Küken wiegen 66–68 g. Wenige Tage vor dem Verlassen des Brutplatzes erreichen sie ihre höchste Masse von 204–221 g (HARRIS & BIRKHEAD 1985), bevor sie in den letzten ein bis zwei Tagen einige Gramm abnehmen und mit etwa 20 % (= 200–210 g) der Erwachsenenmasse (vgl. Abb. 4.2) springen. Einfluß auf die Ausfliegemasse haben neben der Nahrung (s. o.), insbesondere der Legetermin, aber auch die Eigröße (BIRKHEAD & HARRIS 1985).

Generell können die Jungen nach neun bis zehn Tagen zwar ihre Körpertemperatur selbst regulieren (JOHNSON & WEST 1975), werden aber wie

Trottellummen bis zum Sprung gehudert und damit auch vor Feinden geschützt. In Einzelfällen adoptieren Dickschnabellummen fremde Küken (Gaston et al. 1995; vgl. Kap. 3.3 Jugendentwicklung).

Wenn die Küken etwa ein Viertel bis ein Drittel der Masse und Größe ihrer Eltern erreicht haben, springen sie von den Klippen. Die Halbstarken werden danach weiter vom Männchen auf dem Meer versorgt. Über diese Zeit ist praktisch nichts bekannt.

Da das Prädationsrisiko während und nach dem Absprung groß ist, erfolgt der Lummensprung sehr synchron (Daan & Tinbergen 1979). Spät geschlüpfte Junge müssen sogar eine kürzere Nestlingsperiode in Kauf nehmen (Birkhead & Nettleship 1981). Auf Spitzbergen beispielsweise landen die Küken nicht gleich im Wasser, sondern auf einem Abhang unter den Klippen. Während sie zu Fuß ins Meer gehen, versuchen Eismöwen (*Larus hyperboreus*) die noch flugunfähigen Jungen zu erbeuten.

Eine Gefahr bilden auch Eisschollen, die der Wind in die Buchten vor den arktischen Kolonien zusammentreiben kann. Als an einem Tag die Hälfte der Jungen von Coburg Island ins Meer sprangen, sammelte Tim Birkhead (1993) 500 tote Küken ein. Diese hohe Zahl repräsentiert trotzdem nur 2 % der Jungen, die an diesem Tag ihren Brutplatz verließen und sich auf den Eisschollen zu Tode stürzten.

Tim Birkhead (1993) berichtete von einer besonderen Tragödie, die sich 1978 auf Prince Leopold Island abspielte. Es gab keinen freien Meerzugang mehr, die Insel war von Treibeis umgeben. So sprangen die Jungen auf die Eisschollen. Diejenigen, die überlebten, immerhin ca. 50.000 Junge machten sich mit ihren Vätern zu Fuß auf den 60 km langen Weg bis zum Wasser. Erschöpfte Junge und Altvögel wurden Opfer von Eismöwen und Polarfüchsen. Man nimmt an, daß kein Junges diesen Gewaltmarsch ohne Nahrungsaufnahme überlebte.

Bruterfolg

Über den Bruterfolg liegen nur wenige Daten aus Kanada vor. Er betrug 0,77 Junge pro Gelege auf Prince Leopold Island (n = ?, 1975–77, Gaston & Nettleship 1981). Ein Vergleich mit Coburg Island (0,71 Junge pro Gelege, n = 632) und Cape Hay (0,48 Junge pro Gelege, n = 513) zeigt, daß der Bruterfolg zweier hocharktischer Kolonien im selben Untersuchungszeitraum sehr unterschiedlich ausfallen kann (Birkhead & Nettleship 1981). Der Grund liegt hier im Bruthabitat. Bei Cape Hay fielen durch Frosteinwirkungen Eisstücke und kleine Steine auf brütende Vögel. Der Brutvogel flog vor Schreck ab, das ungeschützte Ei zerbrach oder wurde von Eismöwen gestohlen. Auf Cape Hay gingen daher 46 % gegenüber 20 % der Eier auf Coburg Island verloren, was den unterschiedlichen Bruterfolg erklärt.

Entscheidend für den Bruterfolg kann auch die Lage des Brutplatzes innerhalb einer Kolonie sein. Auf East Digges Island in der Hudson Bay hatten periphere Brutplätze ohne Nachbarn ein siebenmal höheres Prädationsrisiko durch Kolkraben (*Corvus corax*) als zentral gelegene, die von mehreren Nachbarn umgeben waren (GASTON & ELLIOT 1996). Der Bruterfolg auf Digges Island ist mit 0,6–0,68 Junge pro Gelege (GASTON et al. 1985) ähnlich dem auf den Gannet Islands/ Labrador mit 0,63 Junge pro Gelege (n = 695, 1981–83, BIRKHEAD & NETTLESHIP 1987b).

Verhalten am Brutplatz

Als Koloniebrüter haben Dickschnabellummen zahlreiche Beschwichtigungsgesten, bei denen der Schnabel vom Nachbarn oder Gegner abgewendet wird. Sie sind mit denen der Trottellumme vergleichbar.

Im Verhalten der Dickschnabellumme lassen sich jedoch folgende wichtige Unterschiede zur Trottellumme festhalten (nach BIRKHEAD 1985, CRAMP 1985, vgl. Kap. 3.3: Verhalten):

1. Dickschnabellummen brüten aufgrund eines anatomisch-morphologischen Unterschieds, dem vergrößerten Brustmuskel, vornübergebeugt (SPRING 1971, vgl. Abb. 3.22).
2. Sozialverhalten ist seltener zu beobachten, da Dickschnabellummen nicht eine derart hohe Brutdichte wie Trottellummen aufweisen. Außerdem verbringt der gerade nichtbrütende Partner weniger Zeit am Koloniestandort (vgl. Bruthabitat).
3. Landet ein Vogel am Brutplatz, kündigt er seinen Besitzanspruch durch die „post-landing-posture" an. Im Gegensatz zur Trottellumme streckt er aber nicht den Kopf nach oben, sondern hält ihn nach unten.
4. Bei der Begrüßung ruft nur ein Partner, auch zeigen sie kein Schnabelfechten.
5. Gegenseitiges Putzen ist nicht so häufig wie bei Trottellummen.

3.5 Krabbentaucher

Mit einer Körperlänge von 20 cm und einer Masse von durchschnittlich 150–160 g sind Krabbentaucher die kleinsten nordatlantischen Alken. Ihre Flügelspannweite beträgt 40–48 cm (CRAMP 1985).

Die schwarzweiß gefärbten Krabbentaucher wirken durch den dicken Kopf und den scheinbar fehlenden Hals gedrungen (vgl. Abb. 3.25).

Typisch ist der sehr kurze, breite Schnabel. Im Ruhekleid färben sich Kehle und Wangen weiß.

Sie sind noch relativ schlecht untersucht. Es fehlen nicht nur Daten zu Trends, Mortalität, Alter der Erstbrüter und Brutorttreue, auch die brutbiologischen und ernährungsphysiologischen Ergebnisse weichen weit voneinander ab.

Verbreitung und Bestand

Der Krabbentaucher lebt in der Arktis zwischen 70° und 82° nördlicher Breite und zählt mit 12 Millionen Brutpaaren zu den häufigsten nordatlantischen Alken (Abb. 3.23 und Tab. 1.1). Obwohl er im allgemeinen den Nordatlantik besiedelt, haben sich ein paar Pioniere in die Beringsee bis zum Pazifik ausgebreitet (vgl. SEALY et al. 1971; DAY et al. 1988; DEL HOYO et al. 1996). Die größten Koloniestandorte mit allein schon geschätzten 10 Millionen Brutpaaren (1978, RENAUD et al. 1982) liegen bei Thule (Westgrönland) und im Scoresby Sound (Ostgrönland). Die diskutierten Probleme bei Bestandszählungen (vgl. Kap. 1.4) lassen nur den vorsichtigen Schluß zu, daß etwa 83 % des Brutbestandes auf Grönland vorkommen. Etwa eine Million Paare (NETTLESHIP & EVANS 1985: Tab 2.3) brüten auf Spitzbergen, allein im Hornsundfjord gibt es zwei Koloniestandorte mit 400.000 und 70.000 Brutpaaren (GABRIELSEN et al. 1991). Die nächstgrößten Bestände sind auf dem Franz-Joseph-Land. Auf der Bäreninsel und auf Jan Mayen gibt es mittelgroße Kolonien von einigen tausend Paaren; auf Novaja Semlja sind die Kolonien kleiner. Die Populationen im Osten der Baffininsel (Kanada) und in subarktischen Gewässern an der Südspitze Grönlands sind mit zehn bis einigen hundert Paaren klein (KAMPP et al. 1987). Auf der Insel Grimsey vor Island gab es 1982 nur ein bis zwei Paare, 1996 brütete gerade noch ein Paar (PETERSEN briefl.). In den nächsten Jahren wird das Brutvorkommen erlöschen, denn zum Rückgang auf Grimsey hat auch die Klimaerwärmung in diesem Jahrhundert entscheidend beigetragen (PETERSEN 1994a).

Bruthabitat

Krabbentaucher brüten in großen Kolonien an Berghängen und Blockschutthalden nahe am Meer. Die Brutplätze können sich auch 3–6 km im Landesinneren und bis auf 500 m Meereshöhe befinden (STEMPNIEWICZ 1980). Idealerweise liegen sie 0,5–1,5 m tief in Felsspalten oder unter Steinen versteckt, um gut gegen Wind und arktische Bodenräuber wie den Eisfuchs geschützt zu sein. Das Nest besteht aus kleinen Steinen oder manchmal aus Moosen und Flechten.

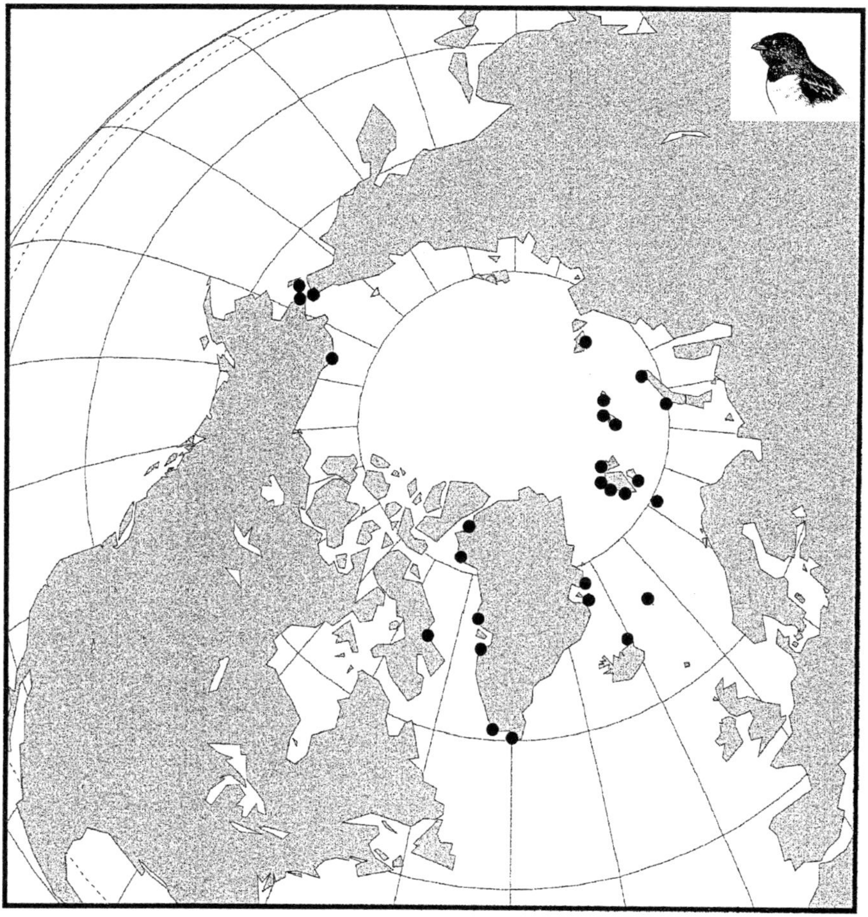

Abb. 3.23: Brutverbreitung des Krabbentauchers (nach DAY et al.1988, DEL HOYO et al. 1996, FLINT & GOLOVKIN 1994, NETTLESHIP & EVANS 1985).

Jahreszyklus

Krabbentaucher kehren mit dem Zurückweichen der Packeislinie von Anfang März (Franz-Joseph-Land), Anfang April (Spitzbergen) bis Mitte Mai (Nordgrönland) in ihre Brutkolonien zurück (EVANS 1981).

Trotz der unterschiedlichen Ankunftszeiten erfolgt die Eiablage an allen Plätzen erst in der zweiten Junihälfte, wenn es wärmer wird und der

Schnee auch am Brutplatz geschmolzen ist. Krabbentaucher legen ein einziges spitzovales, blaugrünes Ei mit bräunlichen Flecken, das von beiden Partnern bebrütet wird. Das Ei wiegt 27 g (MAKATSCH 1974) und entspricht immerhin 18 % der Weibchenmasse. Damit investiert das Krabbentaucherweibchen von den nordatlantischen Alken die meiste Energie ins Ei (vgl. Abb. 4.6). Sie brauchen die lange Vorbrutperiode, um Körperreserven für die Eibildung bereitzustellen (EVANS 1981). Die Inkubationsdauer beträgt 29 Tage. Die Küken einer (Teil)kolonie schlüpfen sehr synchron innerhalb von fünf bis neun Tagen (EVANS 1981, KONARZEWSKI & TAYLOR 1989) und bleiben 27 Tage im Nest (BIRKHEAD 1993).

Ende August verlassen alle Krabbentaucher ihre Kolonien, um weit ab von ihren Brutplätzen am Rande des Packeises zu überwintern. Ihre Brutzeit beträgt nur drei bis dreieinhalb Monate und ist beispielsweise um einen Monat kürzer als beim Papageitaucher, der schwerpunktmäßig im Süden in den borealen Gewässern brütet (vgl. Kap. 3.1: Verbreitung). Nach der Jungenaufzucht beginnen die erwachsenen Vögel sogleich mit der Mauser. Die noch flugunfähigen Individuen der nordwestgrönländischen Population werden mit der Strömung in die Baffin Bay getrieben, bevor sie dann weiter bis Neufundland ziehen (EVANS 1981). Die zweite Hauptwanderroute ins Überwinterungsgebiet führt die Populationen aus Spitzbergen, Franz-Joseph-Land und Jan Mayen nach Südostgrönland (BROWN 1985). Manche überwintern auch in der Barentsee oder ziehen bis in die Nordsee und den Skagerrak (TASKER et al. 1987).

Nahrung

Krabbentaucher sind als einzige nordatlantische Alkenart Planktonfresser (vgl. Kap. 2.3 und Abb. 2.2). Sie ernähren sich hauptsächlich von Ruderfußkrebsen (*Copepoda*) und Leuchtgarnelen (*Euphausiaceae*, „Krill"). Wichtiges Nahrungsgebiet besonders im Frühjahr ist die Packeisgrenze, wo sich Plankton besonders stark vermehrt (RENAUD et al. 1982). Die Entfernungsangaben zum Nahrungsgebiet während der Brutzeit reichen von 2,5 km bis maximal 150 km(!). Unklar ist jedoch, ob die Vögel, die 150 km vom Koloniestandort beim Fischen beobachtet wurden, tatsächlich Brutvögel oder Nichtbrüter waren (EVANS 1981).

Krabbentaucher tauchen bis 30 Sekunden pro Tauchgang und meist nicht tiefer als 20 m, maximal bis 30 m (CRAMP 1985, DEL HOYO et al. 1996). Dabei sammeln sie das Plankton für ihre Jungen im Mundbodensack, einer Aussackung des Rachenhöhlenbodens, und verfüttern es als schleimige Masse, die aus 400–600 Beuteanteilen von 1–17 mm Länge besteht (DEL HOYO et al. 1996). Wieviel Nahrungsmasse sie transportieren können, darüber gibt es in der Literatur unterschiedliche Daten. MICHAEL

BRADSTREET und RICHARD BROWN (1985) geben für Krabbentaucher eine Ladung von 3,0–3,8 g pro Flug für die letzte Woche der Jungenentwicklung an, was lediglich 2–2,5 % ihrer Körpermasse entspricht. Diese Angabe scheint gering, auch wenn sie ihren Jungen am Ende der Entwicklung viel weniger Nahrung bringen als am Anfang. DANIEL ROBY et al. (1981) ermittelten dagegen, daß Krabbentaucher etwa 4 % ihrer Körpermasse tragen können. Die Ladung würde danach etwa 6 g pro Flug betragen. Zieht man die Nahrungsdaten von MAREK KONARZEWSKI et al. (1993) mit heran (vgl. Energetik und Abb. 3.24 unten), scheint eine Ladung von bis zu 6 g möglich.

Die Nahrungserreichbarkeit unterliegt einem täglichen Rhythmus, da Plankton eine vertikale Wanderung durchmacht. In Westgrönland war die Fütterungsaktivität nachts (aber Mitternachtssonne) am höchsten. In dieser Zeit schwebt das Plankton nahe der Oberfläche (EVANS 1981). In Spitzbergen verläuft die Planktonwanderung vermutlich wie in Grönland. Trotzdem werden hier die Küken tagsüber gefüttert (STEMPNIEWICZ & JEZIERSKI 1987). Diese beiden Populationen verhalten sich also gegensätzlich. Worin sich diese Unterschiede wirklich begründen, ist aufgrund der Datenlage unklar. Es gibt verschiedene Spekulationen: Entweder ist immer genug Nahrung vorhanden oder die Eismöwen als Hauptprädatoren verhalten sich an beiden Plätzen unterschiedlich (STEMPNIEWICZ & JEZIERSKI 1987).

In der unter den nordatlantischen Alkenarten einzigartigen Adaptation an Plankton — eine im Sommer schnell wachsende Nahrungsquelle — sehen KAJ KAMPP et al. (1987) den großen Erfolg des Krabbentauchers, der höchste Bestandszahlen trotz der extremen arktischen Lebensbedingungen erreicht (vgl. Tab. 1.1).

Energetik

Während der Jungenaufzucht verbrauchen die 160 g schweren Krabbentaucher täglich etwa 696 kJ. Sie nehmen daher 131 g Plankton pro Tag zu sich, was etwa 80 %! ihrer Körpermasse entspricht (GABRIELSEN et al. 1991). Nur Pinguine (*Aptenodytes spec.)* fressen noch mehr. Diese können sogar das eineinhalbfache ihrer Körpermasse am Tag fressen, wenn sie nach längeren Fastenphasen während der Brutzeit ihre Körperreserven schnell wieder auffüllen müssen (CULIK & WILSON 1993).

Bei den niedrigen Temperaturen in der Arktis und den weiten Entfernungen zum Nahrungsgebiet liegen die energetischen Kosten des Krabbentauchers für Tauchen und Flug 4,8 bis 11,5mal über dem Grundstoffwechsel (GABRIELSEN et al. 1991). Außerdem haben die Küken einen hohen Energiebedarf und müssen drei- bis maximal achteinhalbmal am Tag gefüttert werden (EVANS 1981, NORDERHAUG 1970, STEMPNIEWICZ & JEZIERSKI 1987). Den Nahrungseintrag und das damit verbundene Wachstum der

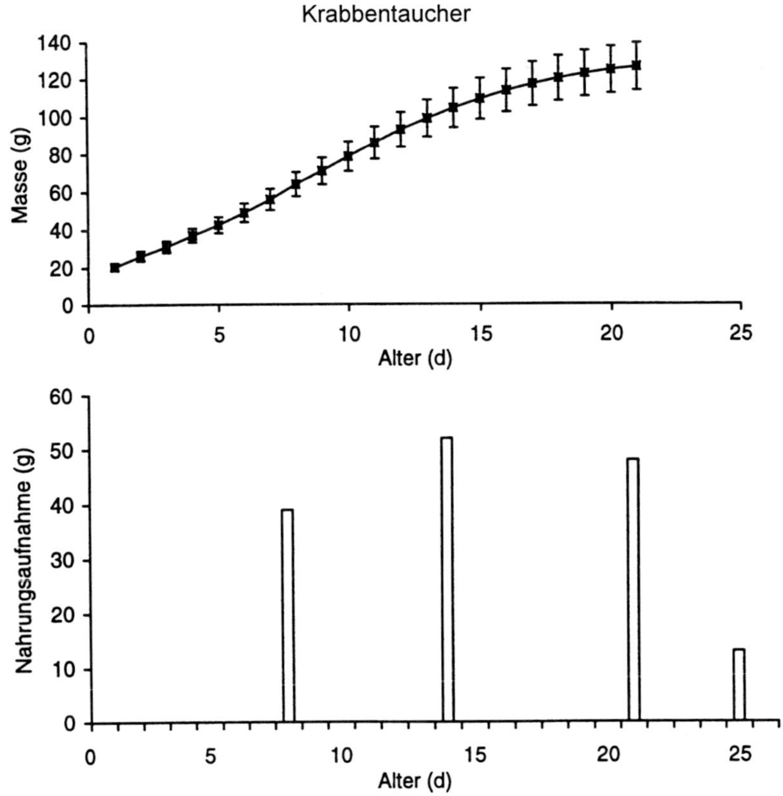

Abb. 3.24: Oben: Masseentwicklung von Krabbentaucherküken (Daten nach KONARZEWSKI et al. 1993: 353, nach dem 22. Tag liegen keine Daten mehr vor). Unten: Tägliche Nahrungsaufnahme in Relation zum Alter der Küken. In den letzten Tagen füttert nur noch ein Elternvogel geringe Mengen. (Diese Einzelergebnisse nach KONARZEWSKI et al. 1993: Tab. 2 sind wahrscheinlich nicht repräsentativ.)

Nestlinge zeigt Abb. 3.24. In den ersten neun Tagen erhalten die Küken bereits etwa 262 kJ/Tag* (= 38,8 g Plankton pro Tag), bis zum 13.–15. Tag das Maximum von ca. 348 kJ/Tag (= 49–51 g/Tag, KONARZEWSKI et al. 1993). Bei dieser Energiemenge nehmen sie täglich um 4,6–5,1 g zu

---

* Diese Daten sind aus metabolischen Daten zurückgerechnet worden und unterliegen großen Schwankungen. Aus methodischen Gründen sind sie nur bedingt mit den Schätzwerten bezogen auf die Fischlänge vergleichbar, die für Papageitaucher und Trottellumme vorliegen.

(EVANS 1981). Wie bei Papageitauchern stagniert oder sinkt ihre Masse in den letzten Tagen vor dem Ausfliegen wieder, weil die Küken agiler werden. Gleichzeitig bekommen sie nur noch 86 kJ/Tag (= 12,7 g/Tag) bei 2,9 Fütterungen (KONARZEWSKI et al. 1993, STEMPNIEWICZ & JEZIERSKI 1987), da das Weibchen nicht mehr mitfüttert oder beide Eltern den Nahrungseintrag reduzieren. Am Ende der Brutperiode müssen die Eltern selbst wieder für ihre Mauser und den Zug in die Überwinterungsgebiete Energiereserven aufbauen.

Der Energiebedarf eines Krabbentaucherkükens im arktischen Lebensraum ist im Vergleich zu einem Flußseeschwalbenküken (*Sterna hirundo*), das in etwa gleich groß, aber in den gemäßigten Breiten aufgezogen wird, sehr hoch. Das Junge des Krabbentauchers benötigt etwa 80 kJ/Tag mehr (KONARZEWSKI et al. 1993: Fig. 5). Investiert wird die verfütterte Nahrung in eine hohe Körperwachstumsrate von 4–4,8 % am Tag (GASTON 1985b). 58 % der Nahrung wird sogleich als Fett im Gewebe gespeichert (KONARZEWSKI et al. 1993), um Wärmeverluste und damit Kosten für Thermoregulation zu reduzieren.

Einfluß auf die Wachstumsrate der Küken hat auch das Wetter. In den ersten fünf Lebenstagen können die Jungen in den Felsspalten trotz Huderns durchnäßt und unterkühlt werden. Selbst die Entwicklung des Großgefieders ab dem sechsten Tag bietet ihnen zunächst noch keine bessere Isolation. Starker Wind, der bei einer typischen Lufttemperatur von 4,5 °C auch auf die ausgewachsenen Krabbentaucher sehr auskühlend wirkt (chill-factor), erhöht den Energieverbrauch der Eltern und beeinflußt damit indirekt auch die Jungen, die in ihren Brutplätzen zwar geschützt sind, aber weniger Nahrung erhalten (GABRIELSEN et al. 1991). Bei schlechten Witterungsverhältnissen lag 1984 die Wachstumsrate der Küken 11 % unter der von 1986 und 1987 (KONARZEWSKI et al. 1993).

Jugendentwicklung

Das einzige Küken des Krabbentaucher wiegt beim Schlupf 22 g. Mit 19–23 Tagen erreicht es mit etwa 125 g seine Maximalmasse, danach nimmt es bis zum Ausfliegen am 27. Tag wieder ab (KONARZEWSKI & TAYLOR 1989, siehe Abb. 3.24 oben). Generell haben die Jungen beim Verlassen des Brutplatzes erst 60–70 % der Erwachsenenmasse erreicht (vgl. Abb. 4.2), sind aber unabhängig und können fliegen (STEMPNIEWICZ 1980).

Die ersten fünf bis sieben Tage wird das Küken gehudert (GABRIELSEN et al. 1991), denn es kann seine Körpertemperatur erst nach fünf Tagen selbst regulieren (TAYLOR & KONARZEWSKI 1989). Im Alter von 15 Tagen kommt es an den Nesteingang und probiert seine Flügelmuskulatur (STEMPNIEWICZ 1980). Sobald Gefahr durch Eisfuchs oder Eismöwe droht, kehrt es sofort zurück. Wenn die Jungen ihre Nester verlassen, lauern ihnen Eismöwen mit ihren größeren Jungen auf. Daher müssen auch Krabbentaucher sehr synchron ausfliegen. Ob das Küken vom Männchen begleitet wird, ist nicht eindeutig geklärt. Nach weiteren vier Wochen auf dem Meer ist das Wachstum abgeschlossen (BRADSTREET 1982).

Bruterfolg

Es gibt nur sehr wenig Daten zum Bruterfolg. In Spitzbergen flogen 0,5 Junge pro Gelege (n=98) aus (STEMPNIEWICZ 1980). Auf Horse Head Island in Westgrönland waren es ebenfalls 0,5 Junge pro Gelege (n=20, EVANS 1981). Hier verursachte der Eisfuchs eine Jungenmortalität von 23 % (n=3).

Verhalten am Brutplatz

Tausende von Krabbentauchern künden ihre Rückkehr im Frühjahr mit trillernden Gesängen und stundenlangem Kreisen über der Brutkolonie an (CRAMP 1985). Ein einmaliges Schauspiel.

Ihren Revierbesitz zeigen Krabbentaucher mit hoch gerecktem Kopf und zum Himmel erhobenem Schnabel (head-vertical-posture). Diese Geste provoziert Nachbarn, und es kommt besonders während der Balzzeit zu heftigen territorialen Auseinandersetzungen. Die Gegner können sich mit ihren Schnäbeln so verhaken, daß sie beim Streit mehrere Meter zusammen den Hang hinunterrollen (STEMPNIEWICZ 1980).

Zu Beginn der Brutzeit muß sich das Paar, das über Winter getrennt war, erst wieder aneinander gewöhnen. Die Partner sitzen sich mit geneigtem Schnabel gegenüber und schütteln intensiv den Kopf (head-wagging). Dabei bauen sie ihre Aggressionen ab. Oft geht Kopfschütteln in Schnäbeln über; gegenseitiges Putzen (allopreening) ist sehr selten. Der Paarzusammenhalt festigt sich. Gelegentlich werden kleine Steine präsentiert. Außerdem sind sie sehr ruffreudig. Trifft ein Partner am Brutplatz ein, begrüßen sie sich mit Schnabelfechten.

Während der Brutzeit verbringen Krabbentaucher bis auf die Nahrungsflüge viel Zeit in der Kolonie. Sie sitzen ruhend auf ihren Tarsen und putzen sich, während der Partner in der Höhle — uneinsehbar — brütet oder zu Beginn der Nestlingszeit das Küken hudert.

Beschwichtigungsgesten sind nicht so häufig wie bei Klippenbrütern zu beobachten. Typisch ist jedoch die Landehaltung (post-landing-posture), wobei Krabbentaucher einen Buckel machen und Kopf und Schnabel zum Boden zeigen (Abb. 3.25). Beim Umherlaufen in der Kolonie führen sie zur

Abb. 3.25: Oben: Landung des Krabbentauchers am Brutplatz (Zeichnung F. WEICK nach Foto G. RÜPPELL 1980). Rechts: Beschwichtigungsgeste des Krabbentauchers nach Landung (post-landing-posture; Zeichnung F. WEICK nach CRAMP 1985).

Beschwichtigung den Wiegelauf (rolling-walk) vor. Sie gehen drei bis vier Schritte und zeigen demonstrativ den Fuß vor, bis sie fast ihr Gleichgewicht verlieren.

Manchmal beobachtet man auch unverpaarte Vögel beim Stören der Brutpaare, indem sie z.B. gegen Ende der Nestlingszeit kleine Steinchen in besetzte Baue tragen, und dabei von den Besitzern verjagt werden.

3.6 Gryllteiste

Während der Brutzeit ist die Gryllteiste durch ihr einfarbiges schwarzes Gefieder mit scharf abgesetzten, weißen Flügelschildern und den leuchtend roten Beinen und Füßen gut zu erkennen (Abb. 3.26). Im Ruhekleid wirkt sie sehr hell. Kopf, Hals und Bauch sind weißgrau gefärbt, die schwarzgrauen Flügel mit weißen Flecken gesprenkelt. Beim Rufen wird der rote Rachen sichtbar.

Gryllteisten wiegen durchschnittlich 370–400 g und zählen mit ihrer Größe von 34 cm und einer Flügelspannweite von 52–58 cm zu den mittelgroßen Alken. Im Vergleich zu Papageitauchern sind sie 10 % größer, gegenüber Trottellummen 20 % kleiner (vgl. Kap. 3.1 und 3.3).

Im Gegensatz zu den übrigen nordatlantischen Alken trifft man Gryllteisten entweder einzeln oder in kleinen Trupps an, da sie nicht so gesellig sind. Dies ist ein großer Nachteil für die Erhebung der Daten, da der Arbeitsaufwand zum Finden der Brutplätze sehr hoch ist und wahrscheinlich der Grund, warum es nur wenige und kaum neuere Untersuchungen zur Gryllteiste gibt.

Abb. 3.26: Gryllteiste mit Fisch (Yesnaby/Orkney Mainland).

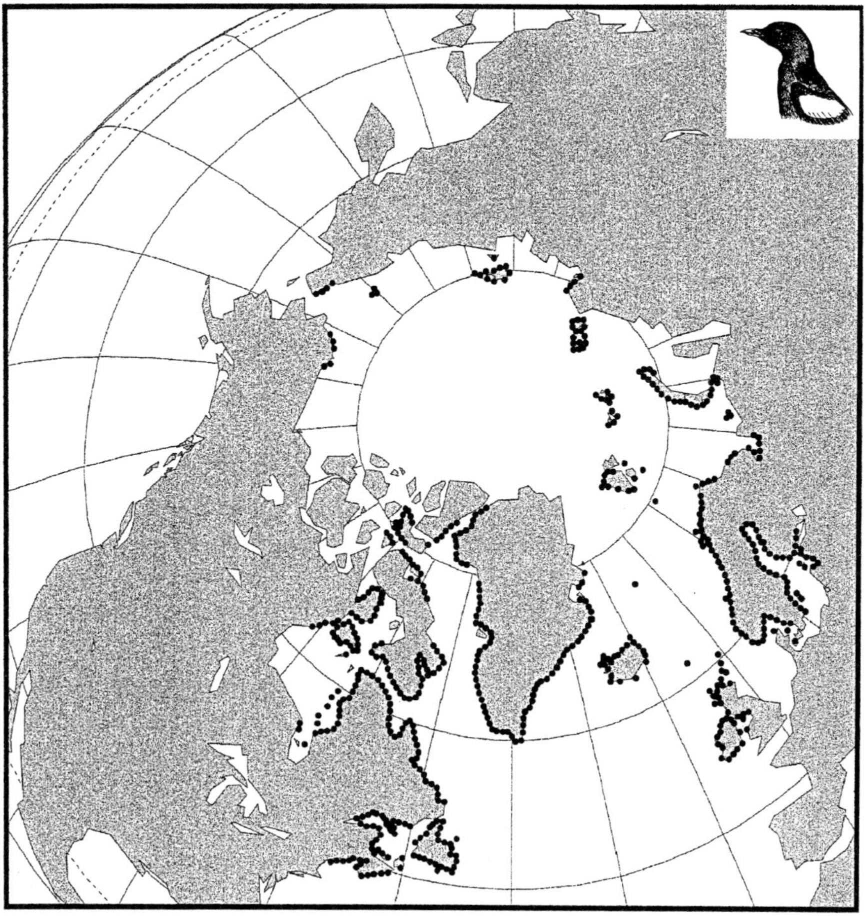

Abb. 3.27: Brutverbreitung der Gryllteiste (nach DEL HOYO et al. 1996, DIVOKY et al.1974, FLINT & GOLOVKIN 1994, NETTLESHIP & EVANS 1985). Die Punkte entlang der Küstenlinien entsprechen der gesamten Brutverbreitung, nicht jedoch einzelnen Koloniestandorten, da die Gryllteiste sowohl einzeln als auch in kleinen, lockeren Kolonien brütet (vgl. Text).

Verbreitung und Bestand

Das Brutgebiet der Gryllteisten liegt zwischen 43° und 82° nördlicher Breite und hat von allen nordatlantischen Alken innerhalb der borealen, subarktischen und arktischen Gewässer die größte Breitenausdehnung. Sie brüten in Nordamerika von Maine (USA) bis zur Baffininsel über Grönland, Island und weiter nach Osten entlang der Britischen Inseln, der skandinavischen Länder um die Ostsee, der Westküste Norwegens, der Kola-Halbinsel, die Bäreninsel, Spitzbergen, Franz-Joseph-Land, Novaja Semlja, Serwernaja Semlja, Taimyr bis zur Beaufortsee vor Nordalaska (Abb. 3.27).

Etwa 200.000 Paare (~ 67 %) der Weltpopulation konzentrieren sich in den arktischen Gebieten Nordostkanadas, Grönlands, Spitzbergens und der russischen Küste (LLOYD et al. 1991). Außerdem kommen sie schwerpunktmäßig noch in Island (50.000 Paare), Norwegen (11–19.000 Paare), Schweden (11. –12.000 Paare) und Schottland (34.900 Vögel) vor. Allein 54 % der schottischen Population brüten auf den Orkney- und Shetland-Inseln, 19 % auf Skye (LLOYD et al. 1991).

Trotz der weiten Verbreitung und einer großen Anpassungsfähigkeit an Brutplätze haben Gryllteisten mit insgesamt 300.000 Paaren den kleinsten Brutbestand (vgl. Tab. 1.1), denn sie bilden keine großen Kolonien wie die übrigen Alken (vgl. Bruthabitat). Allerdings sind sie wegen der niedrigen Brutdichte und den versteckten Nistplätzen von allen nordatlantischen Alken am schwierigsten zu zählen. Die Bestandszahlen müssen daher als absolute Mindestgrößen angesehen werden (LLOYD et al. 1991). Meiner Meinung nach werden die Bestände deutlich unterschätzt (s.u.).

Trends

Es gibt keinen einheitlichen Populationstrend.

Der Bestand auf den Britischen Inseln stieg bei Zählungen zwischen 1969–70 und 1985–87 an. Im Nordpolarmeer vor Alaska breitet sich die Art seit den 1970er Jahren von der Sibirischen See nach Osten bis in die Beaufortsee aus (LLOYD et al. 1991).

Anfang der 1960er Jahre nahmen die Zahlen vor Dänemark zunächst zu, nachdem schwedische Gryllteisten einwanderten, die ihre Brutplätze wegen Bodenprädatoren (Amerikanische Minks s.u.) aufgeben mußten. Von 1965–72 sank der Bestand jedoch wegen einer Serie von Ölunfällen im Kattegatt wieder um 20 %. Auf den Shetland-Inseln ist eine Brutkolonie (im Yell Sound) nach einem Ölunfall im Sullom Voe völlig vernichtet worden (LLOYD et al. 1991). Obwohl der Unfall im Dezember (1978) passierte, waren die Auswirkungen so gravierend, weil die Gryllteisten hier nahe ihrer Brutkolonien überwinterten.

In Norwegen hat sich der Bestand innerhalb von 40 Jahren von 1930–70 halbiert. Dies gilt besonders für die Distrikte Nordland, Trøndelag und Møre. Nachdem Amerikanische Minks (*Mustela vison*) aus Pelztierfarmen entflohen waren, vermehrten sie sich in Freiheit und verursachten als Bodenprädatoren besonders bei Gryllteisten, die nicht im Schutz großer

Kolonien leben, hohe Ausfälle (BARRETT & VADER 1984). Auch andere Bodenprädatoren wie Ratten (*Rattus spec.*) oder sogar Igel (*Erinaceus europaeus*) führen lokal immer wieder zu hohen Verlusten.

Mortalität

Erwachsene Gryllteisten haben mit 83–87 % die niedrigste Überlebensrate von allen nordatlantischen Alken (CRAMP 1985). Zum Ausgleich beginnen sie schon im Alter von zwei bis drei Jahren das erste Mal zu brüten.

Die Überlebensrate der Halbstarken bis zur Erstbrut beträgt 16–32 % (CRAMP 1985).

Bruthabitat

Gryllteisten brüten in kleinen Gruppen bis zu etwa 100 Paaren, manchmal aber auch einzeln. Nur in der Arktis kommen sie in größeren Konzentrationen von wenigen Tausend Paaren vor (HARRIS & BIRKHEAD 1985). Sie suchen ihre Brutplätze an geröllbedeckten Küsten von vorgelagerten Inseln oder Fjørden abseits der mit Hunderttausenden anderer Seevögel dichtbesetzten Kolonien (CAIRNS 1980). Meist sind die Nistplätze nicht weiter als 30 m vom Wasser entfernt. Manche befinden sich gerade oberhalb der Hochwassermarke und sind durch Überflutungen gefährdet (HARRIS & BIRKHEAD 1985), einige liegen 1–3 km im Inland (CRAMP et al. 1974, CRAMP 1985).

Ihre Anpassungsfähigkeit bei der Brutplatzwahl reicht von natürlichen Nistplätzen bis zu menschengemachten Strukturen. Die natürlichen Brutplätze liegen geschützt unter Felsvorsprüngen, in Spalten oder Felshöhlen. Sie nehmen aber auch künstliche Nisthilfen, z.B. Kästen, oder brüten wie in Bangor/Nordirland in Hafenmauern (LLOYD et al. 1991). Es sind sogar Gebäudebruten bekannt. So brütete ein Gryllteistenpaar erfolgreich unter der Dachrinne eines Werftengebäudes am River Clyde bei Glasgow, 10 (!) km von der Irischen See entfernt (CARNDUFF 1981). In Dänemark fand ASBIRK (1978) zahlreiche Brutplätze unter alten Fischboxen oder Holz, das von Stürmen an die Küsten gespült worden ist. Im südlichen Kattegat, wo es keine felsigen Bruthabitate gibt, erweiterten Gryllteisten sogar verlassene Höhlen von Staren und Uferschwalben, die in Lehmwänden lagen. Diese Brutplätze bilden jedoch Ausnahmen, da Gryllteisten normalerweise keine Höhlen erweitern.

Die hohe Plastizität bei der Brutplatzwahl ermöglichte ihnen sogar die Ausweitung ihres Brutareals an der flachen Küste der Beaufortsee in Nordalaska, wo der Sommer gerade für ihre Brutzeit von insgesamt etwa

68 Tagen (siehe Jahreszyklus) ausreicht, bevor das Nordpolarmeer wieder zufriert. Seit Anfang der 1960er Jahre machte zunehmende menschliche Aktivität ihre Besiedlung erst möglich, da Gryllteisten z.B. unter umgestürzten Holzwänden geschützte Brutplätze fanden (DIVOKY et al. 1974).

Gryllteisten legen ihre Eier auf den nackten Fels, in Kanada auf kleine Steine oder Vegetationsreste, die als Nistmaterial dienen (CAIRNS 1980).

Jahreszyklus

Im Süden ihres Verbreitungsgebietes suchen Gryllteisten auch im Winter regelmäßig die Brutkolonien auf (LLOYD et al. 1991). Sie sind daher schon lange vor der Eiablage an ihren Brutplätzen, z.B. in der Ostsee 15 Wochen (HARRIS & BIRKHEAD 1985), in Nordisland neun bis zehn Wochen vorher (PETERSEN 1981). In der Arktis auf Spitzbergen und Grönland müssen sie warten, bis das Packeis Ende April, Anfang Mai zurückgeschmolzen ist. Die Brutplatztreue beträgt 57–79 % (ASBIRK 1979) und ist nicht so hoch wie beispielsweise beim Papageitaucher mit 77–92 % oder der Trottellumme mit 89–96 %.

Der Brutbeginn liegt auf den Britischen Inseln, Island und Skandinavien Mitte Mai bis Anfang Juni; im Norden auf Spitzbergen oder Grönland zwei Wochen später (CRAMP 1985). Er erstreckt sich über sechs Wochen, 80 % der Paare brüten jedoch innerhalb von 13–18 Tagen. Beeinflußt wird der Brutbeginn vom Alter und vom Brutplatzwechsel. Alte und erfahrene Vögel brüten früher als jüngere (CAIRNS 1981). Paare, die den Brutplatz wechseln, legen etwa 1,3 Tage später als Paare, die ihr Nest vom Vorjahr beziehen (HARRIS & BIRKHEAD 1985).

Abb. 3.28: Schwimmende Gryllteisten (Zeichnung F. WEICK nach CRAMP 1985: 126 oben und ASBIRK 1979).

Gryllteisten legen ein, meist zwei Eier. Erstbrüter haben meist nur ein Ei. Ausnahmsweise findet man Gelege von drei bis vier Eiern. Diese stammen aber von zwei Weibchen, denn Gryllteisten haben nur zwei Brutflecke und sind daher nicht in der Lage, drei Eier zu bebrüten (CAIRNS 1987a). Ein Ei wiegt etwa 48–50 g (ASBIRK 1979, PETERSEN 1981), was etwa 12–13 % der Weibchenmasse entspricht (vgl. Abb. 4.6). Die Eier sind oval und weiß bis grünlich oder bläulich gefärbt mit kleinen bis großen oliv- oder schwarzbraunen Flecken.

Das Legeintervall beträgt bis zu drei Tage. Die Bebrütung beginnt erst mit der Ablage des zweiten Eis (CRAMP 1985, HARRIS & BIRKHEAD 1985) und dauert etwa 34 Tage (BIRKHEAD 1993). Eier, die zu Beginn der Brutzeit verlorengehen, werden durch ein Folgegelege ersetzt. Die Nestlingszeit ist in der Literatur sehr unterschiedlich angegeben und liegt zwischen 28 (BIRKHEAD 1993) und 39,5 Tagen (CRAMP 1985, DIVOKY et al. 1974).

Nach der Brutzeit mausern die Erwachsenen zwischen Anfang August bis Ende November. Da die Handschwingen gleichzeitig vermausert werden, sind sie zeitweise flugunfähig (CRAMP 1985).

Im südlichen Verbreitungsgebiet sind Gryllteisten Standvögel und bleiben den Winter über nahe ihrer Kolonien. In der Arktis bildet die Packeisgrenze ein wichtiges Überwinterungsquartier (CRAMP et al. 1974). Damit die Gryllteisten nicht plötzlich vom Eis eingeschlossen und von der Nahrung abgeschnitten werden, sind sie nur dort anzutreffen, wo die Wassertiefe mindestens 80 m beträgt (GASTON & MCLAREN 1990).

Nahrung

Gryllteisten fressen hauptsächlich Fisch, haben aber ein breiteres Beutespektrum als die übrigen Alken (BRADSTREET & BROWN 1985). Bevorzugt werden Grundfische, die in der Flachwasserzone leben. Dazu zählen besonders Butterfisch (*Pholis gunellus*), Bandfisch (*Lumpenus lampetraeformis*), Aalmutter (*Zoarces viviparus*), Lumpfische (*Cyclopterus lumpus*) oder Seeskorpion (*Myoxocephalus scorpius*, CRAMP 1985). In den arktischen Gewässern fangen sie Dorsch (BRADSTREET & BROWN 1985) und Krebstiere.

Die Nahrungsgründe der Gryllteisten liegen in der Hudson Bay in nur 700 m Entfernung von den Koloniestandorten in Buchten und Fjørden (CAIRNS 1987a), auf Island in der Regel bis 4 km, sie können hier aber auch noch in 7 km Entfernung und weiter angetroffen werden (PETERSEN 1981). Da die Nahrung in diesen Flachwassergebieten begrenzt ist, wirkt sie wahrscheinlich limitierend auf die Zahl der brütenden Vögel und verhindert große Koloniebildungen bei Gryllteisten (HARRIS & BIRKHEAD 1985, vgl. Bestand und Bruthabitat). In der Arktis bietet auch die kolonienahe Packeisgrenze im Frühjahr Nahrung. Beim Schmelzen des Eises werden Algen frei, wodurch wiederum Fische angelockt werden, von denen sich die Gryllteisten ernähren (CAIRNS 1987b).

Die Tauchtiefe beträgt in der Regel weniger als 20 m, maximal 50 m (PIATT & NETTLESHIP 1985), die Tauchzeit pro Tauchgang 25–40 Sekunden, in Ausnahmen 75–146 Sekunden (DEL HOYO et al. 1996). Sie transportieren immer nur e i n e n Fisch zu ihrem Küken. Die Beute wird quer im Schnabel gehalten (BRADSTREET & BROWN 1985). Die Fischlänge nimmt mit dem Alter der Jungen zu.

Energetik

Da Gryllteisten zur Nahrungssuche nicht so weit wie die übrigen nordatlantischen Alken fliegen müssen, erhalten die Jungen häufiger Nahrung. In der Hudson Bay wurde täglich etwa 8,8mal pro Junges gefüttert (CAIRNS 1987a). Dies stimmt gut mit 8,2 bis 9,4 Fütterungen in Dänemark und auf Flatey/Island überein (ASBIRK 1979, PETERSEN 1981). Die Fischlänge und damit auch der Energiegehalt nehmen während der Nestlingsentwicklung zu. In den ersten Tagen erhielten kanadische Junge jeweils 85 g Nahrung mit 460 kJ Brennwert (= 5,4 kJ/g). Damit lag die Nahrungszufuhr höher als ihre eigene Masse, denn erst mit sechs Tagen wiegen sie etwa 85 g (Abb. 3.29). Im Alter von 25 Tagen bekamen sie mit 140 g (780 kJ) das meiste zu fressen, danach sank der Nahrungseintrag auf etwa 120 g (680 kJ, CAIRNS 1987a). Die maximale Fütterungsmenge von 140 g pro Tag in Kanada ist gut vergleichbar mit der in Dänemark von 133 g (ASBIRK 1979).

Maximal nehmen die Jungen 12,4–16,2 g/Tag zu (CAIRNS 1987a) und haben in Relation zur Erwachsenenmasse mit 3,1–4,0 % eine ähnliche Wachstumsrate wie Papageitaucher, die ebenfalls auch zu den mittelgroßen Alken zählen (beide ca. 400 g Adultmasse, GASTON 1985b).

Im Experiment zeigte sich, daß ein zugesetztes drittes Junges noch miternährt werden kann, wenn auch kurz vor dem Ausfliegen die Wachstumsraten einer „künstlichen“ Dreierbrut geringer werden. Diese Jungen wogen nur 297 g verglichen mit 343 g in Zweier- und 360 g in Einerbruten (PETERSEN 1981).

Jugendentwicklung

Die Küken schlüpfen mit 33 g (ASBIRK 1979) und werden die ersten drei bis fünf Tage gehudert (HARRIS & BIRKHEAD 1985). Bis zum Alter von 24 Tagen steigt ihre Massekurve steil an (Abb. 3.29 oben). Im Mittel wiegen sie dann 350 g in Kanada bzw. 381 g in Flatey (Island) bis sogar 407 g (1977) in Norwegen (CAIRNS 1987a, PETERSEN 1981, ASBIRK 1979). Danach ver-

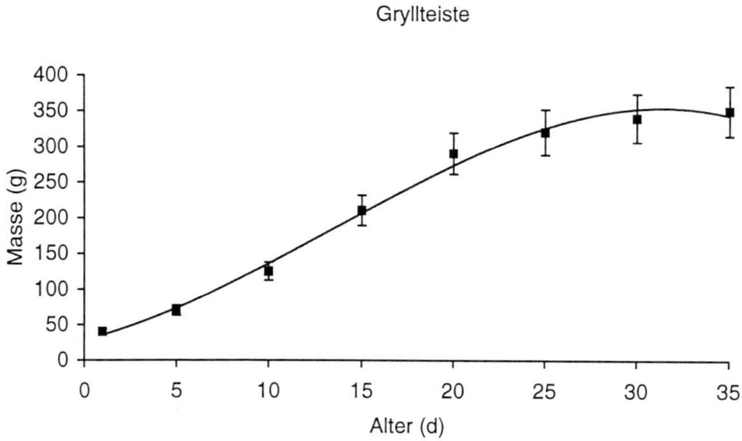

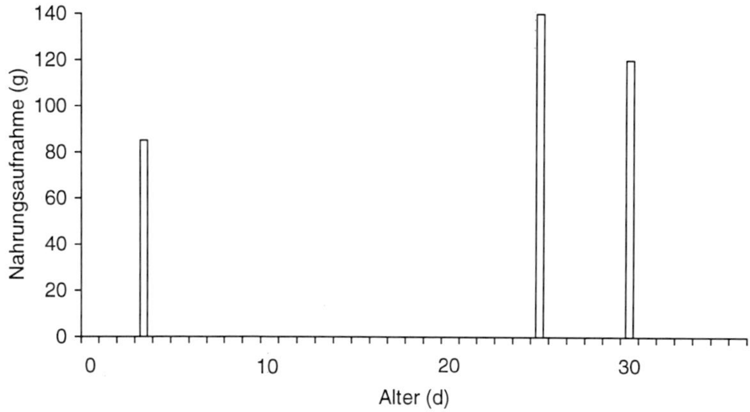

Abb. 3.29: Oben: Masseentwicklung von Gryllteistenküken (Daten nach CAIRNS 1987: Fig. 1; zusammengefaßt mit Regressionskurve). Unten: Tägliche Nahrungsaufnahme in Relation zum Alter der Küken (Einzeldaten nach CAIRNS 1987).

langsamt sich ihr Wachstum wieder. Sie können sogar 10–30 g abnehmen (CAIRNS 1987a, PETERSEN 1981). Eine Masse von 407 g entspricht 108 % der Erwachsenenmasse, meist erreichen sie beim Ausfliegen aber nur 90 % der Erwachsenenmasse, was im Vergleich mit den übrigen Alken immer noch deutlich höher liegt (vgl. Abb. 4.2 und Appendix 2).

Nach der Nestlingsperiode sind die Jungen unabhängig. Sie fliegen aus (HARRIS & BIRKHEAD 1985) oder gehen zu Fuß zum Wasser, das jüngere Geschwister folgt zwei bis drei Tage später (FLINT & GOLOVKIN 1994).

Bruterfolg

Der Bruterfolg ist je nach Gebiet sehr unterschiedlich. Während in Dänemark 0,32 Junge pro Brut (n=683, 1975–77, ASBIRK 1979) ausflogen, waren es auf Flatey in Island 1,29 Junge (n=?, 1975–77, PETERSEN 1981). Am St.-Lorenz-Golf (Kanada) lag der Bruterfolg verschiedener Koloniestandorte zwischen 0,38 und 0,97 Jungen pro Brut (1977: n=?, CAIRNS 1980), in der Bay of Fundy zwischen New Brunswick und Nova Scotia in Kanada bei 0,48 Jungen pro Brut (WINN 1950).

Maximal könnten zwei Junge pro Brut ausfliegen. Die angegebenen Werte liegen viel niedriger. Die Verluste an Eiern und Jungvögeln sind bei Gryllteisten hoch und haben folgende Ursachen:

1. Überflutung der Brutplätze (vgl. Abb. 1.3). In Dänemark oder der Bay of Fundy brüteten zahlreiche Vögel nahe der Tidelinie (ASBIRK 1979, CRAMP 1985, WINN 1950).
2. Prädatoren wie Minks, Ratten oder Möwen stehlen Eier und Junge, z.B. auf Island und in Westnorwegen (PETERSEN 1981, BARRETT & VADER 1984).
3. Schlechte Witterung auf Island (PETERSEN 1981)

Verhalten am Brutplatz

Da Gryllteisten nur in lockeren Kolonien brüten, kann man sie nicht so einfach beobachten wie die dicht gedrängt stehenden Lummen, die einen schon durch ihre Anzahl überwältigen. Die beste Beobachtungszeit ist während der Jungenaufzucht, wenn man fischtragende Vögel mit dem Fernglas bis zu ihrem Brutplatz verfolgen kann. Ältere Jungen werden oft am Höh-

Abb. 3.30: Drohhaltung einer brütenden Gryllteiste (Zeichnung F. WEICK nach FJELDRA in ASBIRK 1979).

leneingang gefüttert. Manchmal kommen sie hervor, um ihre Flugmuskeln zu erproben.

Zu Beginn der Brutperiode führen unverpaarte Vögel Imponierverhalten vor. Sie gehen mit hochgerecktem Körper oft nur auf den Zehen (strutting display), um einen interessierten Partner zu finden. Paare des Vorjahres treffen sich wieder an ihrem Brutplatz. Drei bis vier Wochen vor dem Legen sind die ersten Kopulationen zu beobachten. Danach sitzen beide Vögel nebeneinander und putzen sich (preening). Kehrt ein Partner zum Brutplatz zurück, begrüßen sie sich. Drohgebärden gestuft nach Aggression und Reaktion zeigen sie gegenüber Nachbarn, die in ihr Territorium eindringen. Eine brütende Gryllteiste bleibt sitzen, macht dabei einen Buckel und reißt den roten Rachen weit auf (hunched posture, siehe Abb. 3.30). Bei größerer Erregung stehen Gryllteisten auf den Tarsen, schließlich richten sie sogar Flügel und Schwanz auf. Den Schnabel halten sie aber noch zum Boden gesenkt. Ist der Eindringling immer noch nicht beeindruckt, greift der Revierbesitzer an. Er läuft mit aufgestellten Flügeln und offenem Schnabel auf seinen Kontrahenten zu. Um einem Streit auszuweichen oder diesen zu beenden, dienen Beschwichtigungsgesten wie beispielsweise das Kopfschütteln (head shaking).

4 Brutökologie der nordatlantischen Alken — ein Vergleich

Die meiste Zeit des Jahres verbringen Alken schwimmend auf den nahrungsreichen borealen bis arktischen Gewässern. Sie konzentrieren sich da, wo ihre Nahrung leicht zu erlangen ist und ernähren sich vor Ort überwiegend von Fisch und/oder Plankton (vgl. Kap. 2.3 und Abb. 2.2). Nur zum Brüten müssen sie an Land, um dort geeignete Nistplätze zu finden. Diese Brutmöglichkeiten sind jedoch in Relation zur Weite des Nordatlantiks sehr begrenzt. Jede nur mögliche Steilklippe oder (vorgelagerte) Insel, wo Vögel von Bodenfeinden ungestört brüten können, wird besetzt. Da solche Brutplätze rar sind, drängen sich Alken — oft zusammen mit anderen Seevogelarten — auf kleinstem Raum und bilden große Kolonien (vgl. Abb. 7.2).

In der Regel haben die nordatlantischen Alken nur ein Junges pro Jahr. Eine Ausnahme bildet die Gryllteiste, die zwei Junge hat.

Einen vergleichenden Überblick über Maße, Lebensraum, Brutplatztyp sowie Brutbiologie der sechs nordatlantischen Alkenarten bieten Appendix 2 und 3.

4.1 Vergleich der Brutstrategien

Die Jugendentwicklung der Vögel nach dem Schlupf wird in drei Haupttypen gegliedert (nach Bezzel & Prinzinger 1990):

1. Nestflüchter (praecociale Vogelarten) — Sie haben ein ausgebildetes Feder(Dunen)kleid, bewegen sich sofort und können selbständig Nahrung aufnehmen.

2. Platzhocker (semipraecociale Vogelarten) — Sie sind bedunt, haben offene Augen und bewegen sich in Nestnähe, sind aber von ihren Eltern abhängig und müssen gehudert und gefüttert werden.
3. Nesthocker (altricale Vogelarten) — Sie sind nackt, blind, hilflos ans Nest gebunden und völlig von ihren Eltern abhängig. Keine der 22 Alkenarten zählt zu den echten Nesthockern.

Die Jungen von vier pazifischen Alkenarten (Lummenalk, Craverialk, Silberalk und Japanalk, vgl. Appendix 1) sind echte Nestflüchter (*praecocial*). Alle Küken der sechs nordatlantischen Alken zählen im Prinzip zu den Platzhockern, doch der Begriff stößt hier an seine definitionsgemäße Grenze, weil sich im Laufe der Evolution ein unterschiedliches Verhalten beim Verlassen der Nester entwickelte (SEALY 1973, Tab. 4.1):

1. Die Nestlinge der nur 160–400 g leichten Krabbentaucher, Gryllteisten und Papageitaucher wachsen als „echte" Platzhocker in geschützten Höhlen auf. Nach 27–38 Tagen haben sie immerhin 60 % bis max. 108 % der Masse ihrer Eltern erreicht (Abb. 4.2), Hand- und Armschwingen sind entwickelt. Beim Verlassen ihres Brutplatzes sind sie flugfähig und unabhängig.

Tab. 4.1: Unterschiedliche Jugendentwicklung der nordatlantischen Alken.

	„echte" Platzhocker	„nestflüchtende" Platzhocker
Arten	Krabbentaucher, Gryllteiste, Papageitaucher	Tordalk, Trottellumme, Dickschnabellumme
Brutplatztyp	Höhlenbrüter	Klippenbrüter
Erwachsenenmasse (g)	160–400	600–1.000
Verhältnis Flügelfläche zu Körpermasse (N/m^2) (= Flächenbelastung)	ca. 100	130–180
zum Küken transportierte Nahrung in % Adultmasse	2–7	≤1
Eimasse (g)	28–64	90–105
in % Adultmasse	13–19	10–14
Schlupfmasse (g)	21–40	63–67
Ausfliegemasse in % Adultmasse	60–108 (!)	25–30
Nestlingszeit (Tage)	27–38	17–21
Junge nach Verlassen des Brutplatzes	flugfähig unabhängig	flugunfähig abhängig von Eltern

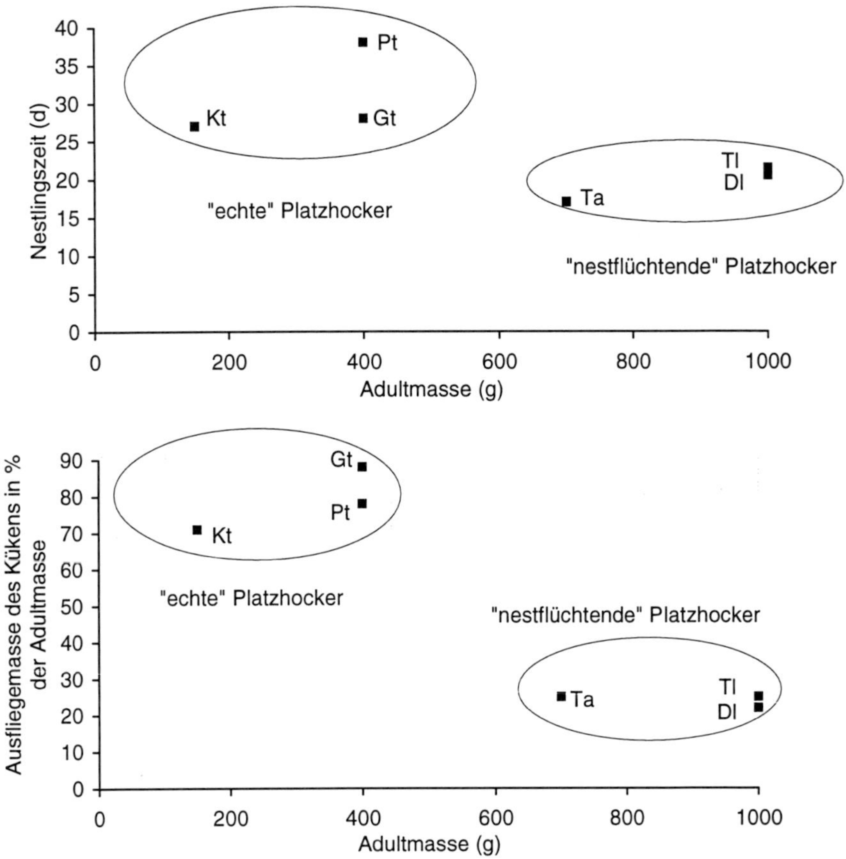

Abb. 4.1: Oben: Verhältnis von Adultmasse und Nestlingszeit; unten: Verhältnis von Adultmasse und Ausfliegemasse; jeweils angegeben für die Küken der „echten“ und „nestflüchtenden“ Platzhocker. Gt - Gryllteiste, Kt - Krabbentaucher, Pt - Papageitaucher; Ta - Tordalk, Tl - Trottellumme, Dl - Dickschnabellumme. Erläuterungen siehe Text.

2. Die 600–1.000 g schweren Tordalken, Trottel- und Dickschnabellummen haben auf Felssimsen an Steilklippen ungeschützte Brutplätze inne und legen ihr Ei einfach auf den nackten Fels. Ihre Küken zählen zu den „nestflüchtenden“ Platzhockern. Nach 17–21 Tagen verlassen die Nestlinge zwar ihren Brutplatz („Lummensprung“, s. S. 63, Abb. 4.1 oben), weisen dann aber erst 25–30 % der Erwachsenenmasse auf (Abb. 4.1 unten, Abb. 4.2). Außerdem können sie zunächst nicht fliegen, da Hand-

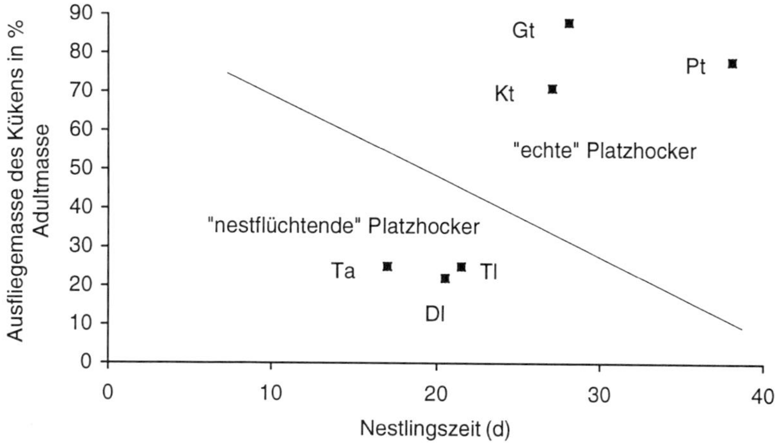

Abb. 4.2: Verhältnis von Nestlingszeit und Ausfliegemasse der Küken in % Adultmasse; jeweils angegeben für die Küken der „echten“ und „nestflüchtenden“ Platzhocker. Gt - Gryllteiste, Kt - Krabbentaucher, Pt - Papageitaucher; Ta - Tordalk, Tl - Trottellumme, Dl - Dickschnabellumme. Erläuterungen siehe Text.

und Armschwingen noch in Entwicklung sind. Die Jungen werden deshalb mehrere Wochen vom Vater begleitet und versorgt. Die Jugendentwicklung findet zu Beginn am Brutplatz, später im Nahrungsgebiet auf dem offenen Meer statt (siehe Kap. 4.1.2).

Aus diesen beiden Brutstrategien ergeben sich zwei Fragen:

1. Warum bildeten sich bei den nordatlantischen Alken zwei unterschiedliche Typen der Jugendentwicklung heraus?
2. Warum verlassen die nestflüchtenden Platzhocker nicht schon nach zwei Tagen den Brutplatz und folgen den Eltern zu den Nahrungsgebieten, wie dies bei vier pazifischen praecocialen Alkenarten (s. o.) der Fall ist?

4.1.1 Anpassungen an die Nahrung

Zur Beantwortung dieser Fragen müssen wir uns zunächst näher mit den nahrungsökologischen und energetischen Erfordernissen bei Alken beschäftigen (vgl. Kap. 2.4).

Die ökologischen Nischen, die sich die Alken auf der Nordhalbkugel erschlossen haben, erfordern sowohl das Fliegen zu den Nahrungsgründen als auch das Tauchen (= Flügeltaucher, vgl. Kap. 1.3) zum Nahrungserwerb. Beide Tätigkeiten gleichzeitig optimal zu erfüllen, ist physikalisch

Abb. 4.3a: Unterschiedliche Flügelhaltungen bei Trottellummen, von links nach rechts: beginnender Abschlag, Ende Abschlag des Geradeausfluges, Beginn Aufschlag, Mitte Aufschlag des Bremsfluges (Zeichnung F. WEICK nach Fotos G. RÜPPELL 1980).

nicht möglich. Alle Vögel haben ein kompliziertes System von Luftsäcken zum optimalen Ventilieren der Lungen, einen effizienten Kreislauf und leistungsfähige Muskeln.

„Fliegende Vögel" müssen besonders leicht und leistungsfähig sein (Vergleichsdaten für Seevögel siehe SPEAR & AINLEY 1997a,b). Sie haben daher pneumatisierte (= „luftgefüllte") Knochen und zur Wärmeisolation wird viel Luft im Gefieder gespeichert. In Relation zur Flügelfläche ist die Körpermasse niedrig.

Gegenteilig verhält es sich bei „tauchenden Vögeln", im Extrem bei Pinguinen. Die Knochen sind markgefüllt und damit schwer. Es ist nur wenig Luft im Gefieder gespeichert. Zur Wärmeisolation dient vor allem subdermales Fett, das die Masse zusätzlich erhöht. Insgesamt ist der Auftrieb gering. Der Pinguin schwimmt nicht mehr auf der Wasseroberfläche, sondern liegt tief im Wasser und kann daher mit nur wenig Kraftaufwand abtauchen. Der Körper weist eine perfekte Stromlinienform auf, da die Beine weit hinten angebracht als Steuerruder dienen. Die Flügel sind kurz, steif und flossenartig, um unter Wasser die optimale Wirkung zu erzielen (CULIK & WILSON 1993). Weder rudern noch paddeln sie mit ihren Flügeln, was einen hohen Energieverbrauch mit sich bringen würde, sondern „fliegen unter Wasser". Dabei benutzen sie das gleiche Prinzip der Kräfteerzeugung, auf dem auch der Vogelflug basiert. Die Reibungsverluste bei dieser Fortbewegungsart unter Wasser sind so gering, daß der Strömungswiderstands-Beiwert (= Cw-Wert) von Modellpinguinen nur 0,03 beträgt (BANNASCH 1995). Dieses Ergebnis schlägt alle bisher getesteten technischen

Körper. Zum Vergleich hat ein windschlüpfriger Sportwagen einen 10fach höheren Wert. Selbst das beste Flugzeug erreicht nur einen Cw-Wert von 0,04. Pinguine benötigen also wegen ihres geringen Körperwiderstandes zum „Fliegen unter Wasser" kaum zusätzliche Energie und sind daher optimal an das Tauchen angepaßt (BANNASCH 1995).

Hieraus folgt, daß Vögel, die optimal an das Fliegen angepaßt sind, ein unzureichendes Tauchvermögen haben (WILSON et al. 1992). Denn einmal müssen sie gegen ihren hohen Auftrieb arbeiten, außerdem sind sie unter Wasser kaum gegen Kälte geschützt, da die Luft im Gefieder beim Tauchen entweicht und Wasser Wärme 25mal besser leitet als Luft. Pinguine, die dagegen optimal an das Tauchen angepaßt sind, können nicht mehr fliegen, weil das Verhältnis zwischen ihrer Körpermasse und auftriebserzeugender Tragfläche (= Flächenbelastung der Flügel) zu schlecht ist. Außerdem sind ihre Federn soweit modifiziert, daß sie sich nicht mehr zum Fliegen eignen.

Um beiden gegensätzlichen Erfordernissen gerecht zu werden, entwikkelte sich bei den Alken in Morphologie (vgl. Kap. 1.2) und Metabolismus ein Kompromiß, um den Energieaufwand sowohl für das Fliegen als für das

Abb. 4.3b: Unterfliegelandung der Dickschnabellumme (vgl. Text S. 102; Zeichnung F. WEICK nach Skizze in RÜPPELL 1980: 126).

Tauchen zu minimieren (DAVIS & GUDERLEY 1987, WILSON et al. 1992). Trotzdem ist ihr Flugaufwand wegen der kleinen Flügel, die eine Anpassung an das Tauchen sind, extrem hoch. Im Vergleich zu Langstreckenfliegern und ausgezeichneten Seglern beträgt die Flügelfläche der Alken nur etwa 40 % und die Flügellänge 60 % von Albatrossen oder Sturmvögeln (Procellariiformes; GABRIELSEN et al. 1991, Daten siehe SPEAR & AINLEY 1997a). Während Albatrosse tagelang ohne großen Energieaufwand fliegen können (dynamischer Segelflug, RÜPPELL 1980), ergaben Zeitbudget-Untersuchungen bei Trottellummen, daß sie allein schon während eines Nahrungssuchfluges in der Brutzeit nur 32 % der Zeit mit Fliegen zu den Nahrungsgründen und Tauchen nach Fischen verbringen, 68 % der Zeit auf dem Wasser schwimmen und sich während der einzelnen Tauchgänge ausruhen (CAIRNS et al. 1987). Trotzdem erfordert die Nahrungssuche während der Jungenaufzucht einen derart hohen Energieaufwand, daß Alken nur in den kalten, nahrungsreichen Gewässern des Nordens leben können. In den warmen, nährstoffarmen Ozeanen wären sie nicht mehr in der Lage, sich zu reproduzieren (BIRT-FRIESEN et al. 1989, FURNESS & MONAGHAN 1987, vgl. Kap. 2.1).

Die Brutplätze müssen besondere Landetechniken erlauben, da das Flugvermögen der Alken sehr schlecht ist. Jede Alkenart wählt die ihr zusagende ökologische Nische. Die großen, schweren Tordalken, Dickschnabel- und Trottellummen benötigen offene Nistplätze auf Felssimsen an Steilklippen oder auf Plateaus von Felssäulen. Sie können nicht direkt am Brutplatz landen, sondern müssen zunächst ihre Fluggeschwindigkeit reduzieren, indem sie kurz vor dem Felsen steil aufsteigen (siehe Abb. 4.3b). Über dem Landepunkt kommen sie fast zum Stillstand und plumpsen dann regelrecht in die dichtstehenden Nachbarn hinein, was diese mit lautem Rufen und Hacken quittieren. Die Bremswirkung dieser „Unterfliegelandung" (RÜPPELL 1980) verhindert, daß sich die schwer manövrierfähigen Tordalken und Lummen bei der Landung auf dem Boden verletzen.

4.1.2 Nahrung und Bruterfolg

Bei den schweren Tordalken und Lummen ist das Verhältnis von Flügelfläche zur Körpermasse das schlechteste unter den flugfähigen Vögeln überhaupt (GASTON 1985b, vgl. Abb. 4.4). Die Flächenbelastung bei der 1.000 g schweren Lumme ist mit ca. 180 N/m² derart hoch (SPEAR & AINLEY 1997a), daß sie gerade noch so „mit Ach und Krach" und hauptsächlich geradeaus fliegen kann (RÜPPELL 1980, vgl. Appendix 2). Sie erreichen dabei aber relativ hohe Geschwindigkeiten von ca. 15–20 m/sec., d. h. bis zu 72 km/h, denn unterhalb von 50 km/h würden sie wie ein Stein herunterfallen. Albatrosse hingegen sind mit ca. 30–45 km/h langsamer, sie können aber diese Geschwindigkeiten über Tage ohne großen Energieaufwand durchhalten (SPEAR & AINLEY 1997b). Darüber hinaus gilt, je schwerer ein Alk ist, desto weniger Nahrung kann er tragen (CODY 1973, Abb. 4.5). Lummen und Tordalken transportieren daher nur 1 % bis höchstens 2 % (max. 20 g) ihrer Körpermasse zu ihrem Jungen (BIRKHEAD & HARRIS 1985, HATCHWELL 1991a). Das Füttern eines Nestlings am Brutplatz bis zu seiner vollständigen Entwicklung ist somit nicht mehr möglich. Zumal nicht beide Eltern gleichzeitig auf Nahrungssuche gehen können, da ein Partner das Junge am exponierten Brutplatz vor Feinden schützen muß. So hat sich eine ungewöhnliche Brutstrategie entwickelt: Um Flugenergie zu sparen, wird die Nahrung ab dem 17.–21. Tag nicht mehr zum Nestling, sondern umgekehrt das Junge zur Nahrung gebracht. Es verläßt den Brutplatz frühreif und unselbständig. Während das Küken an Land durchschnittlich nur 9,2 g/Tag zunahm, betrug der Massezuwachs auf dem offenen Meer etwa 15 g/Tag (BIRKHEAD 1977b, 1993). Außerdem ist es auf dem Meer vor Feinden sicherer.

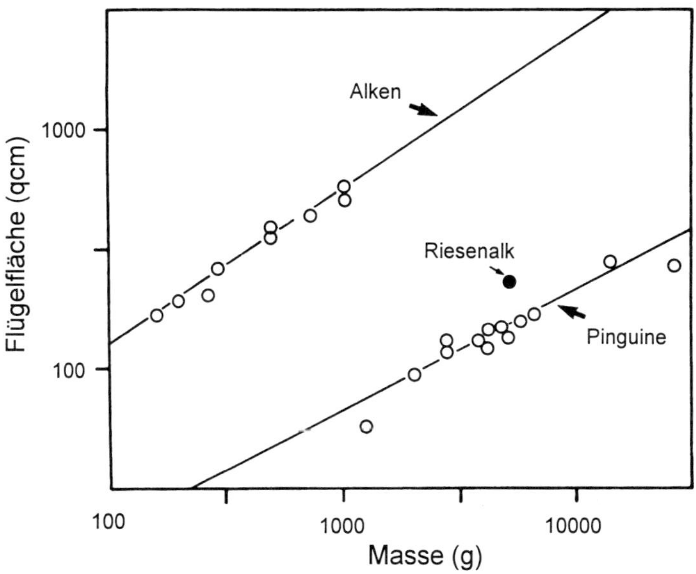

Abb. 4.4: Vergleich von Flügelfläche und Adultmasse bei neun Alkenarten (obere Gerade) und 13 Pinguinarten (untere Gerade). Je höher die Körpermasse, desto größer die Flügelfläche. Die Regressionsgerade für die Pinguine liegt weit unterhalb der Alken, da die Flügelfläche der Pinguine in Relation zu ihrer Masse ungefähr zehnmal kleiner ist. Der Riesenalk entspricht in seiner Ökologie eher den Pinguinen (verändert nach BIRKHEAD 1993: Fig. 7).

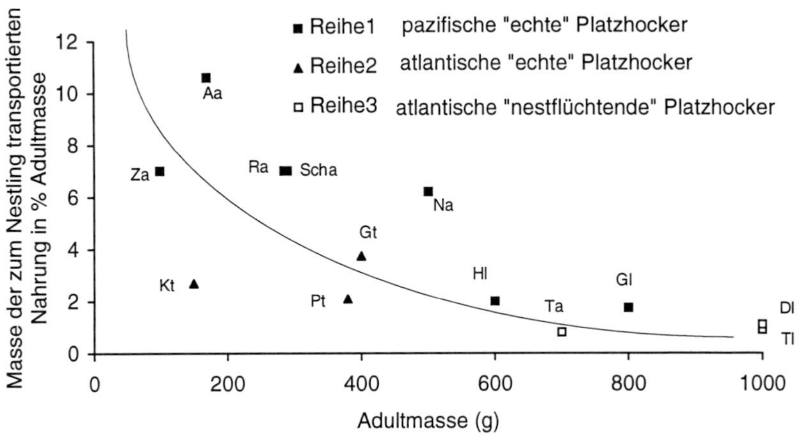

Abb. 4.5: Verhältnis von Adultmasse zur Masse der Nahrung, die die Arten zu ihren Jungen transportieren können. Nordatlantische „echte" Platzhocker: Gt - Gryllteiste, Kt - Krabbentaucher, Pt - Papageitaucher; nordatlantische „nestflüchtende" Platzhocker: Ta-Tordalk, Tl - Trottellumme, Dl - Dickschnabellumme; einige nordpazifische „echte" Platzhocker: Aa - Aleutenalk, Gl - Gelbschopflund, Hl - Hornlund, Na - Nashornalk, Scha - Schopfalk, Ra - Rotschnabelalk, Za - Zwergalk (Daten nach GASTON 1992: 214). Erläuterungen siehe Text.

Veranschaulichen wir uns an einem Beispiel, was Trottellummen leisten müßten, um ihr Junges über die gesamte Entwicklungsperiode am Brutplatz großzuziehen. Nach den Daten von HATCHWELL (1991a) wird das einzige Junge drei- bis fünfmal am Tag gefüttert und erhält dabei insgesamt 30–40 g Nahrung. Beim Verlassen des Felssimses wiegt es ungefähr 200 g. Würden die Eltern ihren Nestling bis zu einer Masse von 700 g oder sogar 1.000 g (= Erwachsenenmasse) am Brutplatz füttern, müßten sie hochgerechnet 11–18 oder sogar 15–25 Nahrungsflüge pro Tag leisten, wozu sie offenbar körperlich nicht in der Lage sind. Trottellummen ziehen also gerade einmal Einviertel-Kind am Brutplatz groß (s. o.).

Die leichteren Krabbentaucher, Gryllteisten und Papageitaucher können dagegen zwei bis drei, maximal bis sieben Prozent (= 6 g beim Krabbentaucher bis max. 30 g beim Papageitaucher) ihrer Körpermasse zum Nestling tragen (GASTON 1985b, HARRIS & HISLOP 1978, ROBY et al. 1981). Ihre Brutstrategie besteht darin, die Jungen bis zur Unabhängigkeit in der geschützten Höhle zu füttern.

Da Krabbentaucher in Relation zu ihrer niedrigen Körpermasse große Flügel haben, können sie besser als die übrigen nordatlantischen Alken fliegen. Sie bewältigen trotz der extremen Lebensbedingungen in der Arktis kilometerweite Inlandsflüge und legen Nahrungsflüge bis zu 150 km zurück. Allerdings büßen sie mit der besseren Flugfähigkeit die Wendigkeit beim Tauchen ein. Ihre Jagd nach langsamen Planktontieren erfordert jedoch auch nicht eine so gute Tauchkunst wie sie den fischjagenden Lummen abverlangt wird (RÜPPELL 1980).

Die Frage, warum die Küken der „nestflüchtenden" Platzhocker nicht zu echten Nestflüchtern geworden sind und den Eltern damit Energie sparen, hängt mit den energetischen Erfordernissen des Kükens zusammen. Von den 22 weltweit lebenden Alken gehören nur die Jungen der 128–249 g leichten und kleinen Lummenalken (*Synthliboramphus hypoleucus*), Craverialken (*S. craveri*), Silberalken (*S. antiquus*) und Japanalken (*S. wumizusume*), die alle im Pazifik leben, zu den Nestflüchtern (SEALY 1973). Diese Arten legen ein großes und schweres Ei, das etwa 21,9–23,7 % der Erwachsenenmasse (SEALY 1975, GASTON 1992 und Abb. 4.6) ausmacht. Das Junge ist beim Schlupf schon weit entwickelt und kann seinen Eltern nach zwei Tagen zu Fuß ins Meer folgen, da die Brutplätze nicht an Steilklippen, sondern in flachem Gelände liegen (BIRKHEAD 1977b).

Bei den Tordalken und Lummen ist das Ei mit 12 % der Weibchenmasse nicht groß genug (Abb. 4.6, Appendix 2), um eine entsprechend weitgehende Kükenentwicklung zu ermöglichen. Daher wird die von den Eltern verfütterte Energie zunächst in einer Massenzunahme des Nestlings von etwa 8–16 g pro Tag (GASTON 1985b: Tab. 7.5) investiert. Außerdem for-

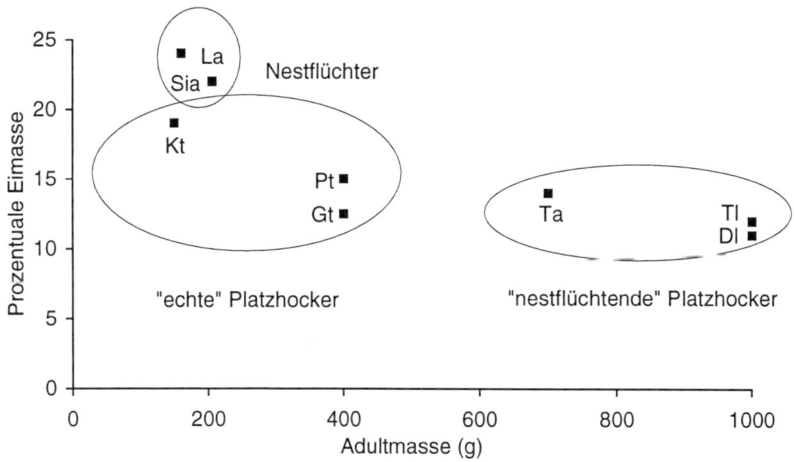

Abb. 4.6: Verhältnis von Adultmasse und Eimasse. Gt - Gryllteiste, Kt - Krabbentaucher, Pt - Papageitaucher, Ta - Tordalk, Tl - Trottellumme, Dl - Dickschnabellumme; nordpazifische Nestflüchter (Daten nach SEALY 1975): La - Lummenalk, Sia - Silberalk. Erläuterungen siehe Text.

dert der gewählte Brutplatztyp einen fallschirmartigen Sprung von den Steilklippen ins Meer. Um dies zu ermöglichen, muß erst einmal das Großgefieder wenigstens teilweise angelegt oder ausgebildet sein.

4.1.3 Die Ein-Kind-Familie

Die nordatlantischen Alken haben mit Ausnahme der Gryllteiste nur ein Junges pro Jahr. Für die Ein-Kind-Familie scheint es gute Gründe zu geben, denn die Beobachtungen von ANKER-NILSSEN & RØSTAD (1993) auf Røst belegen, daß Störungen im Nahrungsangebot größte Auswirkungen auf den Nachwuchs haben können (vgl. Kap. 3.1: Energetik). Auf Skomer konnte RUTH ASHCROFT (1979) allerdings beobachten, daß zwei Papageitaucher-Bruten erfolgreich waren, obwohl jeweils ein Elternvogel auf natürliche Weise während der Nestlingszeit starb. Die Jungen flogen mit lediglich 7 % und 13 % niedrigerer Masse als die Nachbarküken aus. Nur ein Junges starb, das ein Elternteil sehr früh verlor (ASHCROFT 1979).

In den 1970er Jahren wurde in Brutmanipulationsexperimenten geprüft, ob z.B. Papageitaucher oder Tordalken nicht doch zwei Junge ernähren könnten. Die Experimente wurde so angelegt, daß entweder ein Junges zur Brut dazugesetzt oder ein Elternvogel weggefangen wurde.

Beim Wegfang eines Elternvogels (n = 12) ergab sich in Neufundland, daß ein Drittel der Papageitaucherjungen verhungerten, zwei Drittel verschwanden (NETTLESHIP 1972). Sie sind wahrscheinlich vom Hunger aus der Höhle getrieben worden und Möwen zum Opfer gefallen.

Auf der Isle of May dagegen, die für Papageitaucher als Optimalhabitat gilt, waren nach Wegfang eines Elternvogels (n = 10) immer noch 40 % der Bruten erfolgreich. Im Vergleich zur Kontrollgruppe wogen die Jungen beim Ausfliegen aber 9 % weniger und ihre Nestlingszeit verlängerte sich um fünf Tage (HARRIS 1978).

Bei Geschwisterexperimenten setzte DAVID NETTLESHIP (1972) zu 10 Bruten jeweils ein weiteres Papageitaucherjunges hinzu. Von 20 Jungen flogen nur fünf aus, wobei nie zwei aus einer Brut durchkamen. 65 % der Jungen verschwanden, 10 % starben in der Höhle. Auch MIKE HARRIS (1978) konnte in neun Experimenten feststellen, daß ein Junges über das andere schnell dominierte und daher höchstens ein Küken von jeder Brut ausflog.

Beim Tordalk war das Ergebnis besser. Auf Skokholm flogen bei 14 Bruten 16 Jungen aus. Alle Brutpaare hatten Erfolg, bei zwei Brutpaaren überlebten sogar beide Junge (LLOYD 1977). Da die Jungen als „nestflüchtende" Platzhocker nur einen Teil ihrer Jugendentwicklung am Brutplatz verbringen (vgl. Kap. 4.1.1), wären Tordalken bei guten Nahrungsbedingungen offensichtlich eher als Papageitaucher in der Lage, auch für zwei Junge in ihren ersten 17 Tagen Nahrung herbeizufliegen.

Die Experimente führten zumindest beim Papageitaucher fast immer zum Verhungern von Küken. Das erscheint grausam und unnötig. Weitere Wiederholungen dieser Experimente insgesamt 22 Testbruten in Neufundland (1972) und 10 auf der Isle of May (1978) erscheinen mir weder nötig noch angebracht, da der Zusammenhang eindeutig bewiesen ist.

4.1.4 Nahrungsstrategie

Die Nahrung spielt also für die Reproduktion der Alken die zentrale Rolle. Da Tordalken, Trottel- und Dickschnabellummen sowie Papageitaucher und Krabbentaucher zum Nahrungserwerb weit hinaus auf das offene Meer fliegen müssen, werden ihre Nestlinge nur in großen Zeitabständen gefüttert. Beim Verlassen des Brutplatzes wiegen die Jungen zum Teil erheblich weniger als die Erwachsenen. Dagegen fangen Gryllteisten ihre Fische nahe an den Brutplätzen entlang der Küsten. Wegen der kurzen Entfernungen können sie mehr Nahrung herbeischaffen und daher in der Regel zwei Junge mit einer Ausfliegemasse bis 108 % der Erwachsenenmasse großziehen (vgl. Tab. 4.1).

Insgesamt sind Alken bei der Nahrungsbeschaffung für ihre Küken sehr ineffizient. Während Stare 50 % der gesammelten Nahrungsmenge (= Energie) zu ihren Jungen transportieren, erhalten die Küken der Gryllteisten nur 32 %, Krabbentaucherjunge sogar nur 15 % (vgl. Kap. 2.4). Erwachsene Krabbentaucher haben einen so hohen Energieumsatz, daß sie 85 % der Nahrungsenergie für sich benötigen, z.B. zur Erhaltung der Körpertemperatur (Daten nach KONARZEWSKI et al. 1993).

Aus dem oben Gesagten ergibt sich die Frage, warum die Gryllteiste mit höherer Nachwuchsrate pro Jahr nicht erfolgreicher ist, sondern im Gegenteil den kleinsten Brutbestand der nordatlantischen Alken hat (vgl. Tab. 1.1). Man kann hier nur spekulieren, daß entweder die Brutplätze oder die Nahrung limitiert sind. Da Gryllteisten in ihrer Brutplatzwahl sehr variabel sind (vgl. Kap. 3.6), ist wahrscheinlich die Nahrung in den Buchten und Fjørden begrenzt und verhindert so größere Populationen.

4.1.5 Nichtbrüter

Das Nahrungsproblem wird möglicherweise noch dadurch verschärft, weil sich außer den Brutvögeln auch Nichtbrüter während der Brutzeit an den Klippen aufhalten. Ob Nichtbrüter dasselbe Nahrungsgebiet und dasselbe Nahrungsspektrum wie Brutvögel ausnutzen, muß noch detaillierter untersucht werden.

Es gibt in jeder Population einen bestimmten Anteil an Nichtbrütern, bei Trottellummen auf der Isle of May z.B. 5–10 % pro Jahr (HARRIS & WANLESS 1995). Diese Vögel haben entweder ihren Brutplatz an andere Paare verloren oder sie sind noch zu jung zum Brüten. Sie finden sich in Junggesellenclubs neben den Brutplätzen. Hier lernen sie im Alter von zwei bis fünf Jahren auch ihre zukünftigen Partner kennen und machen sich mit dem späteren Brut- und Nahrungshabitat vertraut. In welchem Alter sie dann mit ihrer Brut beginnen, hängt auch davon ab, ob noch geeigneter Platz vorhanden ist, um die Kolonie zu vergrößern, oder ab wann ein alter Nistplatz verwaist. Dieser wird sofort wieder besetzt, so daß die Nichtbrüter in der Population auch eine wichtige Brutreserve bilden.

5 Seevogelökologie — Warum Alken in Kolonien brüten

5.1 Brutplatz im Hochhaus statt im Eigenheim

Schon in den frühen 1970er Jahren stellten LACK (1968) und ASHMOLE (1971) allgemeine Überlegungen zur evolutiven Entwicklung von Brutkolonien an, wobei die punktuell konzentriert vorkommende Nahrung wie Fischschwärme oder Planktonfelder, das Fehlen von Landraubtieren sowie der Mangel an geeigneten Brutplätzen als Gründe für Koloniebildung angeführt wurden.

Vorteile

WITTENBERGER & HUNT (1985) formulierten in ihrer *„critical density hypothesis“*, daß ab einer bestimmten Populationsgröße ein vor Feinden verborgenes Brüten nicht mehr möglich ist und Vögel besser an unzugänglichen Plätzen eine Kolonie bilden. So kann die Kolonie Alken auch Schutz vor Möwen oder Skuas bieten. Nachbarn warnen sich gegenseitig, da die Wachsamkeit in der Gruppe erhöht ist (vgl. Kap. 3.3: Bruterfolg). Die Synchronisation des Brutgeschäftes minimiert die Gefahr des einzelnen Paares, Ei oder Junges zu verlieren. Andererseits ziehen große Kolonien auch Vogelprädatoren an. Small Island/ Neufundland war mit 1.500 Papageitaucherpaaren möwenfrei (NETTLESHIP 1972). Mittlerweile ist die Kolonie auf etwa 20.000 Brutpaare angewachsen und für Mantelmöwen attraktiv geworden (RUSSELL & MONTEVECCHI 1996).

WARD & ZAHAVI (1973) diskutieren die *„information centre hypothesis“* und kommen an Beispielen unterschiedlicher Vogelarten zu dem Schluß, daß Kolonien als Informationsbörse dienen, um erfolgreichen Vögeln zu guten Nahrungsplätzen zu folgen. Bei Seevögeln ist diese mögliche Funktion von Kolonien umstritten. FURNESS & MONAGHAN (1987) sehen dafür keine Anhaltspunkte. Anderer Meinung sind u. a. BIRKHEAD (1985), CAIRNS & SCHNEIDER (1990) und SEALY (1990), wenn bisher auch nur indirekte Anzeichen für eine Informationsbörse sprechen und Beweise noch fehlen, daß Alken ihre Kolonie nicht unabhängig von ihren Artgenossen verlassen. So flogen auf Skomer Papageitaucher und Trottellummen in kleinen Gruppen direkt vom Brutplatz auf das Meer hinaus. Da die Abflugintervalle nicht zufällig waren (BIRKHEAD 1985: Abb. 8.1), scheinen sie bestimmten Artgenossen zu ihren Nahrungsgründen zu folgen. Ähnliche Beobachtungen machten CAIRNS & SCHNEIDER (1990) bei Dickschnabellummen. Die Funktion der Kolonien nur auf Nahrungsinformation zu beschränken, ist vielleicht zu eng gefaßt. DANCHIN & BOULINIER (1993) erweitern die Anforderungen und sprechen Kolonien am Beispiel der Dreizehenmöwen sogar als allgemeines Informationszentrum an, wo die Vögel etwas über die Qualität der Brutplätze und damit auch etwas über beeinflussende Umgebungsfaktoren wie Parasiten, Prädation, Witterung, Nahrungserreichbarkeit u. a. erfahren. Unter diesem Aspekt sollte die Koloniebildung bei Alken betrachtet werden.

Kolonien spielen auch innerhalb der Population für das Sozialleben eine große Rolle. Hier treffen sich die Partner, nachdem sie den Winter irgendwo in den Weiten des Ozeans verbracht haben. In den kurzen Sommermonaten finden sie schnell ihren Partner, um mit der Brut zu beginnen. Obwohl außereheliche Kopulationen vorkommen, sind Alken monogam. Tordalkenweibchen verteidigen ihre Ehe und verjagen andere Weibchen (WAGNER 1992b).

Nachteile

Kolonien bilden Herde für Krankheitserreger und Parasiten. So kommt in der kanadischen Arktis die Zeckenart *Ixodes uriae* häufig vor. Auf Neufundland hatten Alken einen starken Mallophagenbefall (EVELEIGH & THRELFALL 1976). Wie sich Parasitenbefall jedoch auf die Population auswirkt, bedarf noch eingehender Untersuchungen.

Bei Störungen im ökologischen System — z.B. Überfischung (vgl. Kap. 3.1: Energetik und Kap. 6.2) oder Katastrophen wie Ölunfällen (vgl. Kap. 6.3) — sind besonders auf engem Raum konzentrierte koloniebrütende Seevogelpopulationen verwundbar.

Bisher ist keine Hypothese zur Koloniebildung adäquat getestet worden (BIRKHEAD 1985), denn wegen der ökologischen Komplexizität können einzelne Faktoren nicht zwecks Messung isoliert betrachtet werden. Da jedoch 98 % der 275 Seevogelarten Koloniebrüter sind (BEZZEL & PRINZINGER 1990), scheinen die Vorteile gegenüber den Nachteilen (s. o.) evident zu sein. Auch von den weltweit 22 Alkenarten brüten 20 in kleinen, lockeren bis großen, dichten Kolonien. Einzelbrüter sind lediglich die pazifischen Kurzschnabel- und Marmelalken (*Brachyramphus brevirostris, B. marmorata*). Erst die Koloniebildung ermöglicht es einer großen Zahl von Alken zu brüten und den herrschenden Brutplatzmangel der stark besiedelten Küstenräume auszugleichen. Verwaiste Brutplätze werden sofort durch die Brutreserve der nichtbrütenden Vögel ersetzt (vgl. Kap. 4.1.5). Allerdings muß für alle genügend Nahrung vorhanden sein. Daher liegen die Koloniestandorte der fünf pelagisch fischenden nordatlantischen Alken auf dem Kontinentalschelf der nährstoffreichen borealen bis arktischen Gewässer. Nur die Gryllteiste, die sich von Grundfischen der nahrungsärmeren Flachwassergebiete ernährt, bildet kleine, lockere Kolonien oder brütet sogar einzeln.

Die meisten Kolonien beherbergen eine Seevogelgemeinschaft. Es brütet nicht nur eine Alkenart, sondern es drängen sich verschiedene und sogar nicht verwandte Arten auf engstem Raum zusammen (Abb. 5.1). Für solche gemischten Kolonien gibt es zwei Erklärungsmodelle (BIRKHEAD 1985):

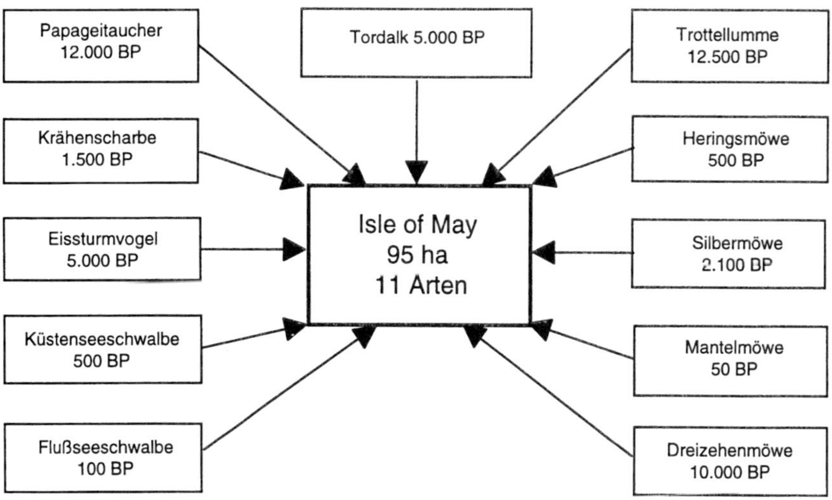

Abb. 5.1: Zusammensetzung der gemischten Seevogelkolonie auf der Isle of May. Schätzungwerte für Trottellummen nach HARRIS & WANLESS (1995), für alle anderen Angaben nach LLOYD et al. (1991).

1. Jeder verfügbare Platz wird durch eine Art, die hier gerade noch brüten kann, genutzt, da die Brutplätze begrenzt sind (vgl. Abb. 1.3).
2. Konkurrenz unter den Individuen um dieselben Ressourcen wie Nahrung, Brutplatz u. a. wird in Kolonien mit mehreren Arten und unterschiedlichen ökologischen Ansprüchen reduziert, die Vorteile der Kolonie (s. o.) bleiben aber erhalten. Interspezifische Konkurrenz ist unter Alken selten. Als Habitatspezialisten hat jede Alkenart ihre bevorzugte Brutnische (vgl. Artkapitel), auch wenn sich z.B. die Brutareale von Trottel- und Dickschnabellumme überlappen. Als Nahrungsspezialisten (vgl. Artkapitel) mit einem relativ engen Beutespektrum präferieren die einzelnen Alkenarten unterschiedliche Fischgrößen oder ganz andere Nahrung (BIRKHEAD 1993) und suchen bei ihren Tauchgängen wahrscheinlich auch verschiedene Wassertiefen auf (SCHNEIDER 1997).

5.1.1 Populationsregulation

Die Populationsgrößen einzelner Kolonien sind sehr verschieden. Es gibt die kleine Gryllteistenkolonie an einem norwegischen Fjørd oder die riesige Dickschnabellummenkolonie in der kanadischen Arktis. Welche Faktoren regulieren hier die Populationsgröße?

Beim Vergleich von neun Koloniestandorten der Dickschnabellumme zeigt sich eine negative Abhängigkeit von Koloniegröße und Ausfliegemasse der Jungen (GASTON 1985b: Abb. 7.8, $r = -0{,}857$, $p = 0{,}002$). Limitierender Faktor ist wahrscheinlich die Nahrung. Vermutlich müssen Eltern, die in großen Kolonien brüten, weiter zur Nahrungssuche fliegen und mehr Energie für die Jungenaufzucht aufwenden, weil die Nahrung nahe der Koloniestandorte nicht für alle ausreicht. Mangels Daten bleibt diese Interpretation spekulativ (GASTON 1985b, GASTON & NETTLESHIP 1981).

Während GASTON (1985b) brutbiologische Parameter heranzog, um die Auswirkung intraspezifischer Nahrungskonkurrenz zu ermitteln, betrachteten FURNESS & BIRKHEAD (1984) Verteilung und Größenrelationen britischer Koloniestandorte. Ihr Ergebnis — je größer die Kolonie, desto kleiner die Nachbarkolonie innerhalb desselben Nahrungsgebietes — spricht auch dafür, daß die Nahrung um die britischen Kolonien ausgeschöpft wird und ihre Verfügbarkeit daher die Populationen begrenzt. Diese Befunde unterstützen ASHMOLES' (1971) „*prey depletion hypothesis*", die zunächst an Seevögeln in den nahrungsarmen tropischen Gewässern aufgestellt wurde, auch für die Nahrungssituation in den gemäßigten Breiten um die Britischen Inseln. Auf die nahrungsreichen Gewässer der polaren Gebiete läßt sich dieses Resultat nicht ohne weiteres übertragen (AINLEY et al. 1995), denn gerade in Nordkanada, Grönland und Spitzbergen gibt es sehr große

Ökologischer Exkurs

Der scheinbare Widerspruch zwischen den Ergebnissen bei Dickschnabellummen (s.o.), deren Bruterfolg von der Nahrungserreichbarkeit abhängig ist, und dem im nächsten Absatz vorgestellten Modell vom „Nahrungsüberfluß", der riesige Kolonien zuläßt, ist durchaus auflösbar. Die Nahrungsressource im Meer ist nicht gleichmäßig verteilt. Wind, Strömungsverhältnisse und vor allem Eisgang können die Vögel sehr effizient an der Nahrungssuche hindern. Bestimmt richtig ist, daß in polaren Gebieten nur wenige brauchbare Plätze für Vogelkolonien existieren. Trotzdem gilt, daß die Nahrungserreichbarkeit, obwohl (punktuell) Nahrungsüberfluß herrscht, den Bruterfolg in einzelnen Jahren mindern kann. Man muß dies vergleichend betrachten. Polare Regionen haben mehr Nahrung und weniger Brutplätze als boreale Gebiete wie die Britischen Inseln. Diese wiederum sind mit mehr und besseren z.B. eis- und schneefreien Brutmöglichkeiten ausgestattet, haben aber weniger Nahrungsmenge im Meer zur Verfügung. Weiter südlich zum Äquator nimmt die Nahrungsarmut der tropischen Meere weiter zu. Hier gibt es dann mehr Brutmöglichkeiten als Nahrungsressourcen. Besonders wichtig dabei ist, daß alle Übergänge fließend sind und ein ökologisches Prinzip nicht ein entweder oder, sondern eher ein obwohl als auch bedeutet. Einzelergebnisse sind grundsätzlich nicht übertragbar, sondern gelten in erster Näherung immer nur für das Gebiet, in dem sie gemessen oder beobachtet wurden. Erst die Abstraktion von vielen, teils widersprüchlichen Einzelergebnissen führt zum Modell (Abb. 5.2), das aber auch immer wieder diskutiert, ergänzt oder erweitert wird.

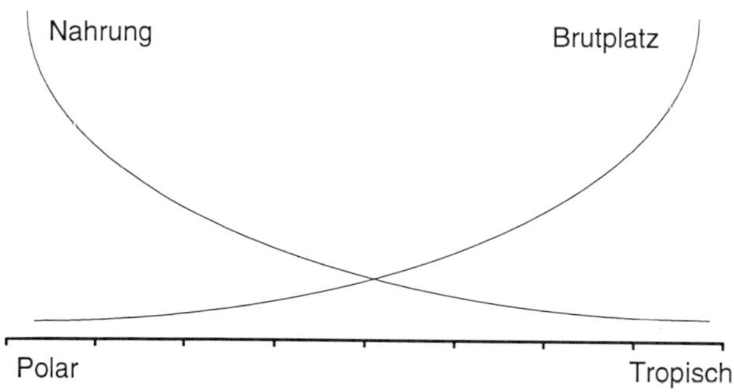

Abb. 5.2: Modell zur Brutplatz- und Nahrungssituation von den polaren bis zu den tropischen Regionen. Erläuterungen siehe Text.

Kolonien mit Millionen von Seevögeln, was der *„prey depletion hypothesis“* widerspricht. Denn die ökologischen Verhältnisse in der Arktis sind andere: Die Brutplätze sind eher begrenzt in Relation zur Nahrungsmenge in den kalten Gewässern, so daß *„prey depletion“* gar nicht erreicht werden kann. ANTHONY GASTON & DAVID NETTLESHIP (1981) sehen als zusätzlichen Vorteil gegenüber den britischen Kolonien den nicht enden wollenden Strom von Vögeln, die zum optimalen Nahrungsgebiet hinfliegen oder mit einem Fisch zurückkehren, was wiederum der *„information centre hypothesis“* entspricht.

Fischereibiologische Interessen, Schwankungen der Fischbestände und daraus resultierende Brutverluste haben den Blick der wissenschaftlichen Forschung schon früh auf die Nahrung als den limitierenden Faktor der Populationsregulation gerichtet. So wurden seit den 1960er Jahren Modellvorstellungen mit vielen Annahmen und Schätzwerten entwickelt, wie hoch der Energiebedarf einer Seevogelgemeinschaft ist. GOLOVKIN (1963) rechnete vom Fischbedarf gefangener Trottel- und Dickschnabellummen hoch, daß die Kolonien in der Barentsee 74,9 Millionen Tonnen Fisch konsumieren würden, was in den 1950er Jahren 13 % der kommerziellen Fänge ausgemacht hätte. FURNESS (1978) schätzte den Energiebedarf der Seevögel auf Foula auf 29 % der jährlichen Fischproduktion innerhalb eines 45 km Radius um die Kolonie. An der Küste von Oregon (Pazifik) schöpften Seevögel 22 % der jährlichen Fischproduktion ab (WIENS & SCOTT 1975). Seevögel stehen daher außer mit Robben und Raubfischen auch mit Fischern in Konkurrenz (FURNESS 1990). Da der Mensch heute neben Speisefischen auch große Mengen Kleinfische wie Sandaale und Sprotten zur Fischmehlverarbeitung anlandet, werden starke ökonomische Interessen berührt. Die Fischereibiologie hat daher ein vitales Interesse an genauen Ergebnissen. Bis heute bereitet aber allein schon das exakte Messen der Nahrungsmenge um Kolonien große Probleme. Daher entwickelt sich seit einigen Jahren die moderne Seevogelökologie von der terrestrischen Ornithologie zu einem Zweig der Meeresbiologie (CAIRNS 1992, SEALY 1990), zumal Seevögel die meiste Zeit ihres Lebens auf dem Meer verbringen und oft nur wenige Wochen zum Brüten an Land sind. Wie Seevögel mit ihrer marinen Umgebung interagieren, ist jedoch schwer zu untersuchen (HANEY & SOLOW 1992), denn Seevögel sind sehr mobil und ihre oft in Schwärmen auftretende Nahrung schwankt im jahreszyklischen Rhythmus. Timebudget-Untersuchungen (vgl. Kap. 3.3: Energetik) und das Einsetzen von Satellitenempfängern oder anderer Fahrtenschreiber, die immer kleiner und leistungsfähiger werden, werden die Zukunft der Seevogel- und damit der Alkenforschung sein.

Wenn auch die Ernährungsweise den Forschungsschwerpunkt in der Populationsregulation bildet, beeinflussen auch andere Faktoren die Koloniegröße. In gemäßigten und borealen Breiten kann der Mangel an geeigneten Brutplätzen brutbereite Vögel von der Reproduktion abhalten. Anzahl und Qualität von Brutplätzen wirken daher dichteregulierend (CAIRNS 1992), was wahrscheinlich auch für arktische Bereiche gilt (s. o.). Witterungseinflüsse, Parasiten, Räuber oder menschliche Einwirkungen sind dagegen stochastisch, d.h. diese Größen sind unvorhersehbar und zufällig. Beispielsweise kann eine Ölkatastrophe den Bruterfolg in manchen Jahren dramatisch beeinflussen, besonders wenn sie am Beginn der Brutzeit passiert (vgl. Kap. 6.3).

Zudem wird die Populationsgröße von den klassischen Lehrbuchparametern wie Natalität und Mortalität bestimmt, wie in den einzelnen Artkapiteln mit Beispielen belegt wurde (siehe besonders Kap. 3.1). So wird der Bruterfolg (= Natalität) nicht nur über die Nahrung (= Energie) und Umwelteinflüsse (s. o.), sondern auch durch Schlupfzeitpunkt in Relation zu benachbarten Paaren (= Synchronisation), Kalendereffekt und Erfahrung der Eltern beeinflußt.

Die populationsregulierenden Faktoren können fakultativ und/oder summarisch auftreten, was zu gutem oder schlechtem Bruterfolg in einzelnen Jahren und zum Steigen oder Sinken der Individuenzahlen an einzelnen Koloniestandorten führt. Außerdem verändern Ein- (= Immigration) und Auswanderung (= Emigration) die Populationsgrößen (vgl. Kap. 3.1). Daher muß man die Bedingungen verschiedener Koloniestandorte einzeln untersuchen, bevor man Schlußfolgerungen über Trends geben kann, denn was auf Skokholm zutrifft, kann auf Røst ganz anders sein, wie das Beispiel der Papageitaucher zeigte (vgl. Kap. 3.1: Energetik).

6 Naturschutz

Wenn man in Großbritannien oder Norwegen für ein paar Stunden oder Tage Koloniestandorte mit Tausenden von Seevögeln besucht, gewinnt man nicht den Eindruck, daß ihnen zahlreiche Gefahren drohen. Doch gerade das Brüten der Alken in Kolonien, die Gruppenbildung im Winter auf dem Meer, die späte Geschlechtsreife und niedrige Fortpflanzungsrate machen sie besonders für menschliche Eingriffe verwundbar. Eine höhere Mortalitätsrate der Altvögel hat daher einen viel stärkeren negativen Einfluß auf den Bestand als bei Arten mit hoher Reproduktion. Wie sich das Absinken der Überlebensrate von nur einem Prozent gleich auf die Population auswirkt, ist beim Papageitaucher exemplarisch gezeigt worden (vgl. Kap. 3.1: Mortalität). Sinkt die Zahl der Brutpaare einer Alkenkolonie um 50 %, dann erholt sie sich bei einer Reproduktion von maximal einem Jungen pro Jahr erst nach frühestens 20–25 Jahren!

Seit Beginn des 19. Jahrhunderts haben die Bestände aller nordatlantischen Alkenarten bis vielleicht auf den Krabbentaucher, dessen Vergleichsdaten zu dürftig sind, mehr oder weniger starke Rückgänge erfahren (DEL HOYO et al. 1996), denn gerade die menschlichen Einflüsse auf Seevögel sind vielfältig und summieren sich in ihren Auswirkungen. Seit Jahrtausenden wurden Alken wegen ihres Fleisches, der Federn (zur Isolation von Kleidungsstücken) und ihres Fettgehaltes getötet (z.B. zur Gewinnung von Öl für Lampen; vgl. HARRIS 1984 für Papageitaucher).

Die wichtigsten menschlichen Eingriffe sollen hier ohne Wertung ihrer negativen Auswirkungen aufgelistet werden (Abb. 6.1):

- kommerzielles Sammeln von Eiern, Jung- und Adultvögeln (Kap. 3.3: Trends),
- Bejagung (Kap. 3.3: Trends),
- Habitatverluste,
- Einführung von Bodenfeinden (Ratten, Amerikanischer Mink; vgl. Kap. 3.6: Trends),

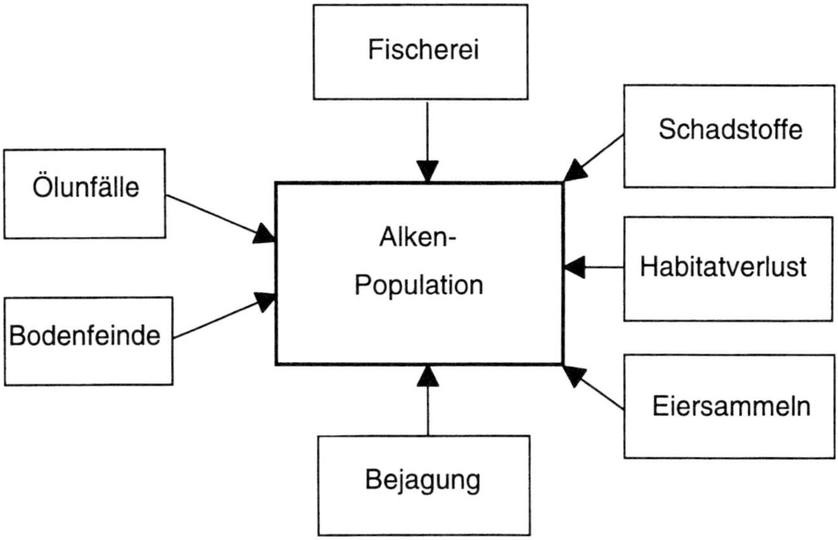

Abb.6.1: Menschliche Einflüsse als Negativfaktoren für Alkenpopulationen.

- Fischerei: Überfischung und indirekte Effekte durch Ertrinken von Altvögeln in Netzen,
- Ölverschmutzung und Ölunfälle,
- Schadstoffe in der Nahrungskette: Schwermetalle und andere Toxine.

In den Artkapiteln sind einzelne Punkte an Beispielen schon näher beleuchtet worden.

6.1 Sammeln und Jagen — Traditionelle Nutzung

Schon die Steinzeitmenschen bevorzugten die Besiedlung der klimatisch milden sowie fisch- und damit nahrungsreichen Küsten. Seevogelkolonien (Eier und Junge) boten ihnen im Sommer eine willkommene Abwechslung im Speisezettel. Die traditionelle Jagd der wenigen Menschen beeinflußte den Alkenbestand kaum. Erst zunehmende Bevölkerungszahlen ab dem Mittelalter bis heute änderten dies. Es entstanden immer zahlreichere und größere Orte, unbewohnte Inseln wurden erstmals besiedelt. Heute leben 60 Prozent der Weltbevölkerung entlang der Küstenzonen (STERR & SCHMIDT 1995).

Als Folge konkurriert der Mensch mit Alken und anderen Seevögeln um Nahrung und schränkt durch seine zunehmenden Aktivitäten die Bruthabitate immer weiter ein. Ganze Seevogelkolonien sind bereits erloschen, zumal der Mensch auf einigen Inseln Bodenfeinde eingeführt hat (vgl. Kap. 3.6: Trends). Auch die Waffen wurden besser und wirksamer. Abschuß der Altvögel und kommerzielles Sammeln von Eiern und Jungvögeln zeigten immer gravierendere Auswirkungen. Der flugunfähige Riesenalk wurde so schonungslos verfolgt, daß er Mitte des 19. Jahrhunderts ausgestorben war.

Diese Eingriffe gehören nicht etwa der Vergangenheit an, sondern werden in entlegenen Regionen wie den Westmänner-Inseln vor Island, den Färöer-Inseln, auf Grönland, Labrador, Neufundland oder der Bäreninsel bis heute praktiziert. Der Vogelfang hat hier eine lange Tradition. Auf den Westmänner-Inseln werden jährlich 80.–140.000 Alken, meist Papageitaucher, mit dem Netz gefangen. Einheimische sammeln schätzungsweise insgesamt 50.–100.000 Eier von Dickschnabellumme, Trottellumme und Tordalk an Islands Küsten (PETERSEN 1994b). Im Dreieck Neufundland, Westgrönland und Labrador ist die Bejagung besonders intensiv. Von 1960 bis heute (1995/96) wurden bei der Winterjagd (vom 1. September bis 31. März), die für Einheimische legal ist, jährlich 500.000 bis eine Million Vögel geschossen, hauptsächlich Dickschnabellummen, die hier überwintern (DEL HOYO et al. 1996). Bei 6,8 Millionen Dickschnabellummen im Nordatlantik (Tab. 1.1) ist es nur eine Frage der Zeit, wann der Bestand gravierend einbricht.

Mit dem raschen Bevölkerungswachstum entstanden selbst in der Arktis Städte mit moderner Infrastruktur zur Ausbeutung der Ressourcen wie Öl oder Kohle. Die westliche Kultur brachte aber für die Inuit auch große soziologische Probleme, denn die ihnen übergestülpte, seßhafte Lebensweise verhindert nicht, daß sie versuchen, ihren Traditionen treu zu bleiben. Hierzu zählt auch die Jagd auf Seevögel für den Eigenbedarf, die heute zum Sportschießen ausgeartet ist. Eindrucksvoll machen KAJ KAMPP

Abb. 6.2: Das Fangen von Papageitauchern mit Netz hat in abgelegenen Regionen (Beispiel Färöer-Inseln) bis heute Tradition (Zeichnung F. WEICK nach Foto ASPEGREN in HARRIS 1984).

et al. (1994) am Beispiel Westgrönlands den sozialen Wandel der Einheimischen in den letzten 50 Jahren und dessen Auswirkung auf die Dickschnabellummen-Populationen deutlich. Von 300–400.000 getöteten Dickschnabellummen im Winter 1988/89 wurden 60–70.000 von Berufsjägern direkt an die Konsumenten in den Städten verkauft, 14.000 gingen an öffentliche Einrichtungen wie Krankenhäuser, 10.000 als Gefrierfleisch in den Export. Die Menge von 200–300.000 Dickschnabellummen diente der Bereicherung des eigenen Speisezettels. In der Folge sind heute zahlreiche auch größere Kolonien schon erloschen (vgl. detaillierte Auflistung in KAMPP et al. 1994).

Man versucht zwar heute, dem Massenabschießen durch Bestimmungen Einhalt zu gebieten, doch lassen die langen, weiten, einsamen Küstenabschnitte kaum eine wirksame Kontrolle und Überwachung zu.

Generell ist die Naturschutzgesetzgebung in einigen Ländern wie selbst in Norwegen und Island (vom 1. September bis 19. Mai), wo Winterjagd erlaubt ist, nicht ausreichend. Effektiv werden die Schutzbestimmung für nordatlantische Alken nur in Großbritannien und Irland durchgesetzt (DEL HOYO et al. 1996). Insgesamt gesehen ist Naturschutz für Alken nur international möglich, was sich aus ihrer Verbreitung im Sommer und Winter ergibt.

6.2 Überfischung — die aktuelle Gefahr

Im Februar 1994 schreckten Meldungen über 75.000 tote Seevögel, darunter viele Trottellummen, die britischen Naturschützer auf. Die Vögel waren völlig abgemagert und mit leeren Mägen an die Strände gespült worden. Als mögliche Ursache machte man die Gammelfischerei bzw. den Kleinfischfang zur Fischmehl- und Ölgewinnung aus (vgl. Kap. 5.1.1). Noch in den 1970er Jahren wurden die kleinen Sandaale und Sprotten kaum gefischt, da sie für den menschlichen Verzehr nicht geeignet sind. Nun aber landen dänische und norwegische Trawler bis zu einer Million Tonnen Sandaale pro Jahr an, was einen enormen Eingriff in die Nahrungskette des Meeres bedeutet. Dieses Fischmehl wird u. a. als Tierfutter in Hühner- oder Lachsfarmen verwendet.

Eine weitere Folge der Fischerei ist, daß zunehmend Trottellummen und andere Seevögel auch direkt durch Ertrinken in den immer länger werdenden Schleppnetzen umkommen (HÜPPOP 1996). KAJ KAMPP et al. (1994) geben allein für den Zeitraum von 1964–75 jährliche Verluste von 250–500.000 Dickschnabellummen an (vgl. Kap. 3.4). Diese Probleme lassen sich ebenfalls nur international lösen.

6.3 Ölverschmutzung — die schleichende Gefahr

Seit den 1940er und 50er Jahren haben kontinuierliche Ölverschmutzungen und Tankerunglücke wie das der Exxon Valdez 1989 vor Alaska, der Braer 1993 vor den Shetland-Inseln oder der Sea Empress 1996 vor Wales, um nur einige wenige neueren Datums zu nennen, große Auswirkungen gerade auch auf Alken.

Eine ständige Gefahr bieten die Explorationsgebiete im Meer mit ihren Pumpstationen und die Ölterminals an den Küsten, wo immer wieder Öl ins Meer fließt. Mit zunehmender Schiffahrt summieren sich die illegalen Säuberungen der Tanks auf offener See, die meist erst bemerkt werden, wenn — wie im Sommer 1996 — schwarze Ölklumpen kilometerlange Küstenbereiche der deutschen Nordseeküste verschmutzen. Das Ausmaß der Ölkontamination des Meerwassers und damit des gesamten marinen Ökosystems nimmt zu, wobei die kontinuierliche Ölverschmutzung einen größeren Einfluß auf die Mortalität der Seevögel als Tankerkatastrophen haben (GANDINI et al. 1994), wenngleich diese eine viel größere Aufmerksamkeit in der Weltpresse erzeugen.

Als sich nach der Havarie der „Exxon Valdez" 42.000 Tonnen Öl in den Prince William Sound vor Südalaskas Küsten ergossen, war gerade Frühjahr und die Vorbrutsaison der Seevögel hatte begonnen. Etwa eine Million Seevögel waren betroffen. Erste Untersuchungen von JOHN PIATT et al. (1990) ergaben, daß bis Anfang August 1989 30.000 tote Vögel von 90 Arten gefunden worden waren, darunter machten die Lummen mit 74 % den höchsten Anteil aus. Die Autoren schätzen, daß die gefundenen Vögel nur etwa 10–30 % der tatsächlichen Verluste ausmachten, weil täglich ca. 15 % frischtot verölte Vögel versanken. Insgesamt starben möglicherweise 100–700.000 Seevögel, wie verschiedene Hochrechnungen unter Einbeziehung der Folgeschäden annehmen (Daten nach WIENS 1996: Fig. 9, vgl. PIATT 1997). Trotz der übergroßen Publicity dieser wirklich unnötigen Ölunfälle ist die bisher nachgewiesene zusätzliche Mortalität relativ gering etwa im Vergleich zur Bejagung von Lummen in Grönland, wo jährlich soviele Lummen geschossen werden, wie der Exxon-Valdez-Unfall insgesamt an Verlusten verursacht haben mag. Hier tut Aufklärung Not.

Da Alken als Taucher viel mehr Zeit im Wasser verbringen als beispielsweise Möwen oder Seeschwalben, erleiden sie bei Ölkatastrophen in borealen bis arktischen Gewässern die höchsten Verluste (DEL HOYO et al. 1996). Zur Zeit des Unglücks waren die Lummen gerade zu ihren Brutplätzen zurückgekehrt und daher in einem viel höheren Ausmaß als die Horn- und Gelbschopflunde betroffen, die erst einen Monat später eintreffen.

Dreieinhalb Jahre galt die „Exxon Valdez" in den nordischen Breiten als größte Tankerkatastrophe bis 1993 die Braer vor den Shetland-Inseln auf Grund lief und mit 85.000 t doppelt soviel Rohöl auslief. Da der Unfall im

Winter passierte, ging es wohl — oberflächlich betrachtet — noch einmal glimpflich ab, denn die Brutkolonien waren noch nicht besetzt. Erst langfristige Monitoruntersuchungen werden vielleicht die tatsächlichen Auswirkungen aufdecken, welche die Ölverschmutzung in der Nahrungskette des Meeres z.B. an den Fischbeständen anrichtet.

Nach solchen Katastrophen sensibilisieren Fernsehreportagen und Pressepublikationen die Öffentlichkeit für die drohenden Gefahren, erwekken aber gleichzeitig den falschen Eindruck, daß mit genügend Helfern und Geldeinsatz verölte Vögel wieder gerettet werden können. Die Überlebenschancen gesäuberter Vögel sind trotz aller Bemühungen minimal. Die mittlere Lebenserwartung von Trottellummen nach der Freilassung aus solchen Stationen betrug gerade einmal 9,6 Tage (SHARP 1996), denn das Öl verklebt nicht nur das Gefieder. Beim Versuch ihre Federn zu putzen, vergiften sich die Vögel hoffnungslos mit dem Kohlenwasserstoffgemisch Öl. Autopsierte, verölte Vögel zeigten gastrointestinale Blutungen und Lungenentzündungen, innere Organe wie Leber und Nieren waren angegriffen. Außerdem verursacht der Aufenthalt in den Freilassungsstation und die Säuberung selbst großen Stress für die Vögel.

Fazit: Ist erst einmal ein Unfall passiert, dann ist der Schaden nicht mehr reparabel. Auch mit Einsatz von viel Geld kann das Leben der betroffenen Vögel nicht mehr gerettet werden, trotz aufopferungsvoller Bemühungen vieler Helfer. Die Reinigung und Versorgung von etwa 800 Seevögeln nach dem „Exxon Valdez" — Unglück soll 41 Millionen Dollar; d. h. 51.250 Dollar!! pro Vogel, gekostet haben (SHARP 1996), was allerdings sehr hoch erscheint. Zurecht fordert BRIAN SHARP daher, daß dieses Geld besser in Präventivmaßnahmen angelegt worden wäre.

Um überhaupt eine Vorstellung darüber zu gewinnen, wie stark Seevögel allgemein von Ölverschmutzung betroffen sind, hat man für die Kolonien der Nordsee-Anrainerstaaten England, Schottland, Norwegen, Schweden, Dänemark und Deutschland einen Ölgefährdungsindex entwikkelt (Index von 11 = minimal bis 30 = maximal gefährdet; WILLIAMS et al. 1995). Danach erreichen besonders die nach Nahrung tauchenden Vögel, wozu auch die Alken zählen, die höchsten Gefährdungsgrade, Herings-

Tab. 6.1: Ölgefährdungsgrad der Alken in der Nordsee (nach WILLIAMS et al. 1995).

Art	Gefährdungsindex
Gryllteiste	29
Tordalk	24
Trottellumme	22
Papageitaucher	21

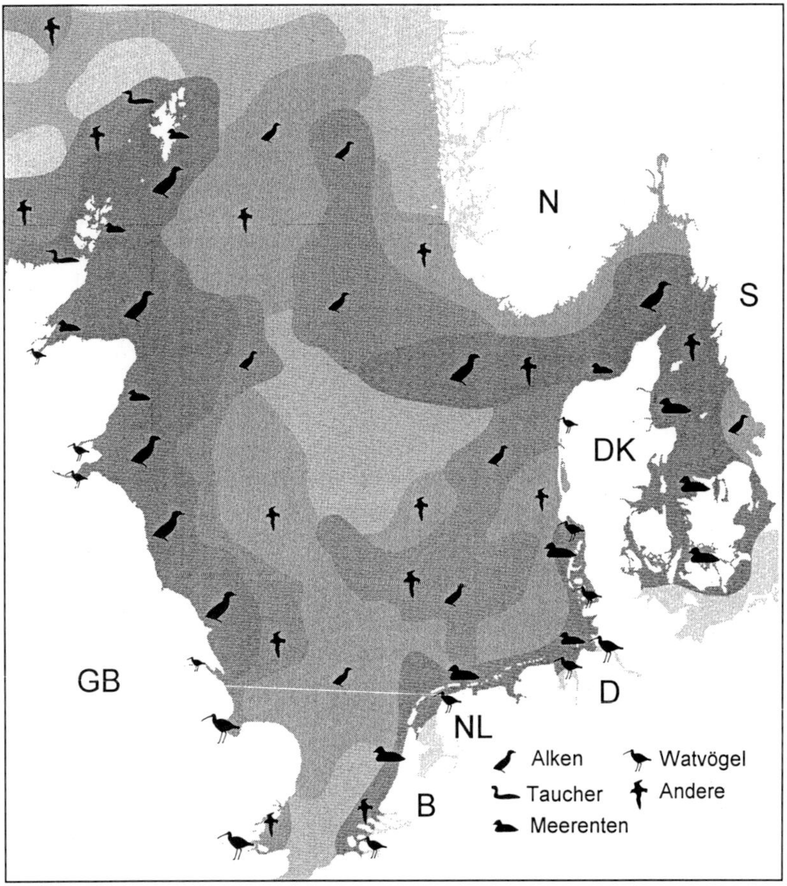

Abb. 6.3: Die potentielle Gefährdung von Alken, Tauchern, Meerenten, Watvögeln und anderen Seevögeln durch Verschmutzung des Oberflächenwassers in der Nordsee (nach WILLIAMS et al. 1995). Die lokale Vogeldichte wird durch die Symbolgröße angegeben. Der Gefährdungsgrad wird durch die Graustufen repräsentiert. Die höchste Gefährdung wird durch Dunkelgrau dargestellt, nach Hellgrau sind die Gewässer weniger verschmutzt.

und Lachmöwen die niedrigsten. Von den vier in der Nordsee brütenden Alken ist die Gryllteiste am gefährdetsten (Tab. 6.1). Dieses Ergebnis liegt darin begründet, daß in den Bewertungsmaßstab auch die Populationsgröße miteinfließt. Da Grylltеisten gegenüber den anderen Alken den kleinsten Bestand haben, ist ihr Risiko bei einer möglichen Verschmutzung am höchsten. Abb. 6.3 zeigt qualitativ die potentielle Gefährung von Meeresvögel bei Verschmutzung des Oberflächenwassers in der Nordsee.

6.4 Schadstoffe

Das internationale Projekt „Arctic Monitoring and Assessment Programme“ (= AMAP) weist nach, daß in einigen arktischen Gebieten Menschen und Tiere stärker verschiedenen Schadstoffbelastungen ausgesetzt sind als in den gemäßigten Industrieländern. Vor Spitzbergen, in der südlichen Barentsee und vor Ostgrönland sind besonders hohe Konzentrationen von polychlorierten Biphenylen (= PCB) oder von Rückständen chlorierter Kohlenwasserstoffe wie DDT und Aldrin/Dieldrin, aber auch von Schwermetallen wie Kadmium, Quecksilber und von radioaktiven Stoffen gemessen worden. Anteil an dieser Verschmutzung haben hauptsächlich westsibirische, aber auch europäische Industrieregionen. Die Schadstoffe werden von hier über das Wasser, die Luft und durch starke Winde in die Polargebiete getrieben.

Inwieweit die Alken betroffen sind, muß noch näher untersucht werden. Man weiß aber, daß Kadmium und Quecksilber besonders die Vogelniere schädigen und hohe DDE-Konzentrationen die Eischalendicke und damit den Nachwuchs beeinträchtigen.

6.5 Schlußfolgerungen

Wertet man die beschriebenen Gefährdungsursachen nach absolutem Einfluß auf die errechneten oder vermuteten Bestände (Tab. 1.1) ergibt sich folgendes Bild: Die Überfischung ist derzeit die Hauptgefahr, gefolgt von der legalen Jagd Eingeborener (Inuit, Indianer), die nicht mehr dem Lebenserhalt, sondern überwiegend der Freizeitgestaltung dient. Der Einfluß der Schadstoffbelastung auf die Bestände bedarf der Klärung. Die populärste Gefahrenquelle — die Tankerunfälle — haben mit hoher Sicherheit den geringsten Einfluß auf den Gesamtbestand, wiewohl sie absolut vermeidbar wären (vgl. DUNNET et al. 1990).

7 Beobachtungsmöglichkeiten in Alkenkolonien

In diesem Buch wurden zahlreiche Koloniestandorte (vgl. Abb. 1.1 und 1.2) erwähnt, an denen Wissenschaftler ihre Studien betrieben haben. Viele von diesen — vor allem arktische Standorte — sind für den Hobbyornithologen kaum erreichbar. Trotzdem müssen Sie nicht auf Alkenbeobachtungen verzichten. Auf den Britischen Inseln, an Norwegens Küste, auf Island oder Neufundland gibt es Kolonien, die von Studienreisegruppen besucht oder auch in Eigenregie erkundet werden können. Selbst Deutschland hat seinen eigenen Seevogelfelsen, Helgoland. Der Lummenfelsen mißt gerade einmal 1,1 ha. Hier brüten Trottellummen, wenige Tordalken, Dreizehenmöwen, Eissturmvögel und einige Baßtölpelpaare. Die Vögel sind auf Fernglasweite zu beobachten. Die eigentliche Faszination vermag hier nicht aufzukommen. Dies gilt auch für die Seevogelkolonien an der Spitze der Bretagne oder entlang der Küsten Irlands, die eher klein und unspektakulär sind.

In einigen britischen Kolonien ist dies anders. Zum Einstimmen oder Schnuppern bieten sich Koloniestandorte auf dem Festland wie die Bempton Cliffs nördlich von Hull in England, Fowlsleugh südlich von Aberdeen oder noch besser Dunnet und Duncansby Head im Nordosten Schottlands an, die alle gut mit dem Auto zu erreichen sind. Von Mai bis Mitte Juli sind vier Alkenarten (Trottellummen, Tordalke, Papageitaucher und manchmal Gryllteisten) vom markierten Küstenpfad zu sehen. Anders als bei Singvögeln hat man in einer Seevogelkolonie Einblick in mehrere hundert Brutplätze gleichzeitig. Man weiß zunächst gar nicht, ob man die fütternde Trottellumme, die miteinander streitenden Nachbarn oder den anfliegenden Tordalken beobachten soll. Die große Anzahl der Vögel, die sich auf engstem Raum exponiert aufhalten, ist selbst dann schon beeindruckend, wenn sie noch auf fernglasdistanz sind (vgl. Abb. 7.1 und 7.2).

Einige wenige Koloniestandorte bieten sogar den garantierten „Galapagos-Effekt“. Sie liegen alle auf Inseln, die unter Naturschutz stehen und meist nur zu bestimmten Zeiten am Tag besucht werden dürfen. Die ausgewiesenen, oft mit Seilen abgespannten Wege führen mitten durch die Kolonien. Gleichzeitig stellt der „Warden“ sicher, daß kein Tourist über die Strenge schlägt. Hier gibt es Alken hautnah. Zu den Kostbarkeiten, die ich hier näher vorstellen möchte, zählen die Farne Islands vor Nordengland, die Isle of May im Firth of Forth bei Edinburgh sowie die walisischen Inseln Skomer und Skokholm vor der Küste von Dyfed.

Farne Islands — Die Inselgruppe umfaßt 15 bis 28 felsige Inseln (je nach Tidenstand) und liegt 3–6 km vor der Küste Northumberlands. Sie sind baumlos mit oft nur spärlicher Vegetation, meist steht nackter Fels an. Leben kommt auf die Inseln, wenn ab März, April tausende von Seevögeln eintreffen. Außer Trottellummen, Tordalken, wenigen Gryllteisten und 15.000 Papageitaucherpaaren (Zählung: 1983) brüten hier noch Dreizehen-, Silber- und Heringsmöwen sowie Krähenscharben, Kormorane (*Phalacrocorax carbo*), Eissturmvögel und vier Seeschwalbenarten.

Am Hafen von Seahouses kann man Schiffstouren zu den Inseln buchen. Die meisten werden nach Inner Farne angeboten. Diese Insel liegt dem Festland am nächsten und ist mit ihrem Leuchtturm schon gut zu erkennen. Staple Island wird von Mai bis Juli nur morgens und bei nicht zu starkem Seegang angefahren. Bei guten Wetter- und Tidenbedingungen ist während der Brutsaison auch eine lange Tour von etwa fünf Stunden mit Aufenthalt auf beiden Inseln möglich.

Mit Regenkleidung für alle Fälle und Rucksack für die Fotoausrüstung, damit man bei Be- und Aussteigen des Schiffs beide Hände frei hat, machen wir uns auf. Bevor man auf Staple Island landet, tuckert man langsam an den berühmten „Pinnacles“ vorbei. Auf dem Plateau dieser drei 15–18 m hohen Felssäulen stehen die Trottellummen in dichtem Gedränge. Ein intensiver Geruch und eine lautstarke Geräuschkulisse strömt uns entgegen. Man ist so nah, daß die große Anzahl der Vögel auch ohne Fernglas überwältigend ist. Erst allmählich nimmt man Details wahr und erblickt zwischen den dünnen und spitzen Schnäbeln der Trottellummen auch die kräftigen Schnäbel der Tordalken, die jedoch in der Minderzahl sind. An den steilen Hängen der Felsnadeln nisten auf schmalen Felssimsen Dreizehenmöwen. Wo mehr Platz ist, haben Krähenscharben und Kormorane ihr Nest. Wenn man auf Staple Island landen kann, hat man etwa zwei Stunden Zeit. Am besten verschafft man sich bei einem Rundgang auf der nur 400×250 m messenden Insel einen ersten Überblick und entscheidet dann, wo man länger beobachten möchte. Aus Erfahrung verrinnt die Zeit auf Vogelinseln immer wie im Fluge. An einigen Stellen erklären Naturschutzwarte, was es zu sehen gibt und passen auf, daß sich jeder an die Absperrungen hält. Vom traditionellen Anlegeplatz verläuft der Pfad zunächst Richtung der „Pinnacles“ vorbei an der Trottellummenkolonie. Die beste Besuchzeit ist Anfang Juli. Vögel, die spät gelegt haben, brüten noch und ruhen dösend auf ihrem Ei. Andere Trottellummen haben kleine Küken, die versteckt und gewärmt unter einem Flügel des Altvogels nur ab und an zu sehen sind. Die meisten Jungen sind Anfang Juli schon recht aktiv, lugen unter dem Flügel heraus, stehen vor ihren Eltern oder gehen ein paar Schritte. Der Größenunterschied ist auffallend (vgl. Abb. 3.18). Immer wieder fliegen fischtragende Altvögel über die Kolonie, um ihre hungrige Brut zu füttern. So manche Kotsprenkel verzieren deshalb unsere Anoraks. Folgt man dem Pfad weiter in Richtung „Kittiwake Gully", blickt man in die Höhlen der Papageitaucher. Eine große Papageitaucherkolonie befindet sich auch auf der Westseite der Insel. In nassen Jahren können die Höhlen überflutet werden, was hohe Verluste zur Folge hat (vgl. Kap. 3.1: Bruterfolg).

Auf Inner Farne ist der Aufenthalt meist auf eine Stunde beschränkt. Von der Anlegestelle führt der markierte Pfad zunächst mitten durch eine

Abb. 7.1: Trottellummenkolonie am „Stack"/Inner Farne.

Kolonie mit Fluß- und Küstenseeschwalben (*Sterna hirundo, S. paradisea*). Sie rufen so laut, daß man sich nur noch schreiend miteinander unterhalten kann. Schließlich erreichen wir in der Nähe des Leuchtturms am „Stack“ den besten Platz für Trottellummen- und Papageitaucherbeobachtungen (Abb. 7.1). Hier stehen sie nachmittags häufig mit einer ganzen Ladung voll Fischen, die ihnen auf beiden Schnabelseiten herunterhängen (vgl. Abb. 3.8). Ihre An- und Abflüge sind aus nächster Nähe zu beobachten.

Isle of May — Hier dauert allein die Anfahrt schon eine gute Stunde. Die Boote sind in den letzten Jahren komfortabler geworden. Früher war Regenbekleidung essentiell, heute bieten sie Schutz vor Wind und Wetter. Die Fahrt beginnt in Anstruther, einem malerischen Hafen auf der Fife-Halbinsel, und endet in Kirk Haven, einer gut ausgebauten Mole, wie man sie sonst nur äußerst selten auf Vogelinseln antrifft. Von hier sollte man sich gleich in Richtung South Ness aufmachen. Zwischen South Ness und Pilgrims Haven liegen die am besten zu beobachtenden Alkenkolonien: Tordalken, Trottellummen und Papageitaucher sind an manchen Stellen aus weniger als 10 Metern Distanz zu sehen. Da die Klippen sich hier etwa 10–30 m über das Meer erheben, blickt man nur in die oberen Kolonieteile, so daß die Vögel nicht gestört werden. Interessant ist auch eine vorgela-

Abb. 7.2: Westliche Klippen der Isle of May bei Mill Door.

gerte Felssäule bei Pilgrims Haven, die einen hervorragenden Überblick über Trottellummen, wenige Tordalken und Dreizehenmöwen gibt. Letztere brüten noch auf Felsvorsprüngen, die für Alken zu schmal sind. Auf der flachen Nordseite der Isle of May befindet sich auch eine Seeschwalbenkolonien. Doch bis hierher kommt man kaum, denn die Besuchszeit ist mit zwei bis zweieinhalb Stunden sehr kurz. Sie reicht gerade einmal aus, um sich einen Gesamteindruck von der Artenvielfalt zu verschaffen (vgl. Abb. 5.1). Längere Beobachtungen bleiben daher nur den Profis vorbehalten.

Skomer und Skokholm — Sie haben gegenüber den anderen Inseln den unschätzbaren Vorteil, daß man auf ihnen übernachten kann. Die Voranmeldezeit beträgt allerdings oft mehr als ein Jahr und die Plätze sind rar: Sechs Betten auf Skomer und 12–15 Schlafplätze auf Skokholm machen eine Inselwoche zum einmaligen Erlebnis. Sie sind ohne jeden Komfort nur für hartgesottene Naturliebhaber, aber genau das Richtige, um einmal die Seele baumeln zu lassen (vgl. unseren Bericht in FALKE 43,1996/1:12–16). Beide Inseln eignen sich aber auch ausgezeichnet für Tagesgäste. Man startet am Ende einer winzigen Straße, die nach Martin's Haven an die südwalisische Küste führt. Das Boot, die „Dale Princess“, bietet einen gewissen Schutz vor den Elementen, doch die See zwischen den Inseln ist oft kabbelig. Die Überfahrt dauert jeweils 20–30 Minuten.

Auf Skomer landet man in North Haven. Nachdem die obligatorische Einweisung durch den Warden erfolgt ist, darf man die Insel auf eigene Faust entlang der ausgewiesenen Wege erkunden. Für die Tagestour hat man je nach Tide vier bis fünf Stunden Zeit. Das Papageitaucher-Dorado ist „The Wick“. Der mit blauen Seilen begrenzte Pfad führt mitten durch die Kolonie, ja sogar auf dem Weg selbst gibt es intakte Höhlen. Hier setzt man sich auf seine Isomatte und schaut einfach zu. Formatfüllende Aufnahmen sind schon mit einem kleinen Zoom möglich. Besonders am Nachmittag und Abend stehen viele Papageitaucher zusammen, denn sie sind sehr sozial und verspielt, aber auch neugierig. Auf ruhig sitzende Beobachter kommen sie ohne weiteres zu, oder passieren uns furchtlos, um zum rückwärtigen Teil der Kolonie zu gelangen. Die beste Beobachtungszeit ist Anfang bis Mitte Juli, wenn sie ihre Küken füttern. Mit dem Fernglas hat man von hier auch Einblick in eine 61 m hohe Klippe mit Trottellummen, Tordalken, Eissturmvögeln und Dreizehenmöwen.

Auf Skokholm führt der Naturschutzwart eine vierstündige Tour durch die Seevogelkolonien. Beim einwöchigen Aufenthalt darf man sich nach Einweisung auch allein bewegen. Die Beobachtungsmöglichkeiten sind exzellent. In festeingebauten Unterstände z.B. in der „Crab Bay“ oder direkt am Hafen, in die gerade einmal zwei höchstens drei Personen passen, sitzt man mitten unter Papageitauchern und erlebt ihr interessantes Sozialverhalten hautnah mit, ohne zu stören. Teilweise kann man sogar tief in einzelne Höhlen hineingucken. An zahlreichen Klippen brüten Trottellummen und Tordalken. Nachts bieten beide Inseln ein besonderes Schauspiel, wenn tausende von Schwarzschnabel-Sturmtauchern bei völliger Dunkelheit mit schnarrenden Lauten und sirrenden Fluggeräuschen zu ihren Bauen fliegen.

Wer sich über die britischen Kolonien näher informieren möchte und weitere Reisetips und Adressen benötigt, kann KOSTRZEWA & KOSTRZEWA (1994) zu Rate ziehen. Diese drei Inselgruppen erfüllen schon fast alle Herzenswünsche von Ornithologen oder Vogelfotografen. Besonders letzteren seien diese Inseln ans Herz gelegt, weil hier ideale Bedingungen für die Vögel und den Fotografen herrschen und alles in einem von Naturschutz kontrolliertem Umfeld passiert. Fototips von Achim Kostrzewa finden sich in FALKE 43,1996/2:46–50.

Besser bekommt man weder auf den Shetland- noch auf den Orkney-Inseln die Alken zu sehen, da sich die Vögel hier entlang der ganzen Küste auf viele Kolonien verteilen. Selbst die bekannte Vogelinsel Noss auf Shetland, die zu den größten und spektakulärsten Vogelkolonien Großbritanniens zählt, mit neun Seevogelarten, die an den Klippen und drei weiteren, die auf dem Plateau brüten, bietet bei Alkenbeobachtungen gegenüber Skomer oder der Isle of May keine weiteren Vorteile. Sogar Handa, die vor der Küste Nordwestschottlands liegt, und die größten Brutkolonien von Trottellummen und Tordalken in Großbritannien aufweist, hat keine besseren Beobachtungsmöglichkeit. Hier sind Skuas und Schmarotzerraubmöwen (*Stercorarius parasiticus*) die Stars.

Norwegen bietet drei entfernte Highlights:

1. Die Vogelinsel Runde bei Ålesund ist über eine Brücke mit dem Festland verbunden und weist auch einen Campingplatz auf.
2. Das Røst-Archipel ist mit einer Personen- oder auch einer Autofähre von Bodø aus zu erreichen.
3. Die Varanger-Halbinsel zählt schon zur Arktis. Auf den vorgelagerten Inseln trifft man auch auf Dickschnabellummen (vgl. Falke 43,1996/6: 178–182).

Für alle drei Plätze gilt: Die Landschaft ist grandios, aber man braucht meist ein Spektiv zum Beobachten. Für Island oder zahlreiche kanadische Kolonien in Neufundland, Nova Scotia oder an der Mündung des Sankt-Lorenz-Stromes trifft ähnliches zu.

Wer Dickschnabellummen oder sogar Krabbentaucher in großer Zahl beobachten möchte, der muß schon eine Kreuzfahrt nach Spitzbergen oder Westgrönland unternehmen oder sich den wenigen Gruppenreisen anschließen, die dorthin angeboten werden.

8 Literatur

AINLEY, D.G., N. NUR & E.J. WOEHLER (1995): Factors affecting the distribution and size of pygoscelid penguin colonies in the Antarctic. Auk 112: 171–182.

ANKER-NILSSEN, T. & O.W. RØSTAD (1993): Census and monitoring of puffins *Fratercula arctica* on Røst, N Norway, 1979–1988. Ornis Scand. 24:1–9.

ANKER-NILSSEN, T. & H.S. ØYAN (1995): Long-term studies of the breeding biology of puffins at Røst. NINA Fagrapport 15:1–48.

ASBIRK, S. (1978): Tejsten *Cepphus grylle* som ynglefugl i Danmark. Dansk. Orn. Foren. Tidsskr. 72: 161–178.

ASBIRK, S. (1979): The adaptive significance of the reproductive pattern in the black guillemot *Cepphus grylle*. Vidnsk. Medd. Dan. Naturhist. Foren 141: 29–80.

ASHCROFT, R.E. (1979): Survival rates and breeding biology of puffins on Skomer Island, Wales. Ornis Scand. 10: 100–110.

ASHMOLE, N.P. (1971): Seabird ecology and the marine environment. In: FARNER D. S. & R. KING (eds.): Avian Biology. Vol. 1: 223–286. Academic Press, New York, London.

BANNASCH, R. (1995): Die Erfolgsgeheimnisse der Unterwasserflieger. In: HEMPEL, I. & G. Hempel: Biologie der Polarmeere: 302–315. Gustav Fischer, Jena, Stuttgart.

BARRETT, R.T. & R.W. FURNESS (1990): The prey and diving depths of seabirds on Hornøy, North Norway after a decrease in the Barents Sea capelin stocks. Ornis Scand. 21: 179–186.

BARRETT, R.T. & W. VADER (1984): The status and conservation of breeding seabirds in Norway. In: CROXALL, J., P.G.H. EVANS & R. SCHREIBER (eds.): Seabirds of the World: Their Status and Conservation: 323–333. International Council for Bird Preservation, Cambridge.

BARRETT, R.T., T. ANKER-NILSSEN, F. RIKARDSEN, K. VALDE, N. RØV & W. VADER (1987): The food, growth and fledging success of Norwegian puffin chicks *Fratercula arctica* in 1980–1983. Ornis Scand. 18: 73–83.

BÉDARD, J. (1969): Adaptive radiation in Alcidae. Ibis 111: 189–198.

BÉDARD, J. (1985): Evolution and characteristics of the Atlantic Alcidae. In: NETTLESHIP, D.N. & T.R. BIRKHEAD (eds.): The Atlantic Alcidae: 1–51. Academic Press, London.

BEZZEL, E. & R. PRINZINGER (1990): Ornithologie. Ulmer, Stuttgart.

BIJLEVELD, M. (1974): Birds of Prey. Macmilan Press, London.

BIRKHEAD, T. R. (1974): Movements and mortality rates of British guillemots. Bird Study 21: 241–254.

BIRKHEAD, T.R. (1977a): The effect of habitat and density on breeding success in the common guillemot (*Uria aalge*). J. Anim. Ecol. 46: 751–764.

BIRKHEAD, T.R. (1977b): Adaptive significance of the nestling period of guillemots *Uria aalge*. Ibis 119: 544–549.

BIRKHEAD, T.R. (1978): Attendance patterns of guillemots *Uria aalge* at breeding colonies on Skomer. Ibis 120: 219–229.

BIRKHEAD, T.R. (1985): Coloniality and social behaviour in the Atlantic Alcidae. In: NETTLESHIP, D.N. & T.R. BIRKHEAD (eds.): The Atlantic Alcidae: 355–382. Academic Press, London.

BIRKHEAD, T.R. (1993): Great Auk Islands. Poyser, London.

BIRKHEAD, T.R. & M.P. HARRIS (1985): Ecological adaptations for breeding in the Atlantic Alcidae. In: NETTLESHIP, D.N. & T.R. BIRKHEAD (eds.): The Atlantic Alcidae: 205–231. Academic Press, London.

BIRKHEAD, T.R. & P.J. HUDSON (1977): Population parameters for the common guillemot *Uria aalge*. Ornis Scand. 8: 145–154.

BIRKHEAD, T.R. & D.N. NETTLESHIP (1981): Reproductive biology of thick-billed murres *Uria lomvia*: an inter-colony comparison. Auk 98: 258–269.

BIRKHEAD, T.R. & D.N. NETTLESHIP (1987a): Ecological relationships between common murres, *Uria aalge*, and thick-billed murres, *Uria lomvia*, at the Gannet Islands, Labrador. I. Morphometrics and timing of breeding. Can. J. Zool. 65: 1621–1629.

BIRKHEAD, T.R. & D.N. NETTLESHIP (1987b): Ecological relationships between common murres, *Uria aalge*, and thick-billed murres, *Uria lomvia*, at the Gannet Islands, Labrador. II. Breeding success and site characteristics. J. Zool. 65: 1630–1637.

BIRKHEAD, T.R. & D.N. NETTLESHIP (1987c): Ecological relationships between common murres, *Uria aalge*, and thick-billed murres, *Uria lomvia*, at the Gannet Islands, Labrador. III. Feeding ecology of the young. J. Zool. 65: 1638–1649.

BIRT-FRIESEN, V.L., W.A. MONTEVECCHI, D.K. CAIRNS & S.A. MACKO (1989): Activity-specific metabolic rates of free-living Northern gannets and other seabirds. Ecology 70: 357–367.

BJÖRKLUND, M. (1994): Phylogenetic relationships among Charadriiformes: Reanalysis of previous data. Auk 111: 825–832.

BRADSTREET, M.S.W. (1982): Pelagic feeding ecology of dovekies *Alle alle* in Lancaster Sound and western Baffin Bay. Arctic 35: 126–140.

BRADSTREET, M.S.W. & R.G.B. BROWN (1985): Feeding ecology of the Atlantic Alcidae. In: NETTLESHIP, D.N. & T.R. BIRKHEAD (eds.): The Atlantic Alcidae: 264–318. Academic Press, London.

BRÄGER, S. (1995): Vorkommen von Tordalk *Alca torda*, Trottellumme *Uria aalge* und Gryllteiste *Cepphus grylle* auf der Ostsee in Schleswig-Holstein. Vogelwelt 116: 305–310.

BROOKE, M. (1990): The Manx Shearwater. Poyser, London.

BROWN, R.G.B. (1985): The Atlantic Alcidae at sea. In: NETTLESHIP, D.N. & T.R. BIRKHEAD (eds.): The Atlantic Alcidae: 384–426. Academic Press, London.

BRÜCKNER, H. (1995): Die Entstehung der Ozeane. Geographische Rundschau 47: 74–81.

BRUN, E. (1979): Present status and trends in population of seabirds in Norway. In: BARTONEK, J.C. & D.N. NETTLESHIP (eds.): Conservation of Marine Birds of Nor-

thern North America: 289–301. US Department of the Interior, Fish and Wildlife. Service, Wildlife Research Report No. 11, Washington.
CAIRNS, D.K. (1980): Nesting density, habitat structure and human disturbance as factors in black guillemot reproduction. Wilson Bull. 92: 352–361.
CAIRNS, D.K. (1981): Breeding, feeding and chick growth of the black guillemot (*Cepphus grylle*) in southern Quebec. Canadian Field-Naturalist 95: 312–318.
CAIRNS, D.K. (1987a): The ecology and energetics of chick provisioning by black guillemots. Condor 89: 627–635.
CAIRNS, D.K. (1987b): Diet and foraging ecology of black guillemots in northeastern Hudson Bay. Can. J. Zool. 65: 1257–1263.
CAIRNS, D.K. (1992): Population regulation of seabird colonies. Curr. Ornithol. 9.: 37–61.
CAIRNS, D.K. & D.C. SCHNEIDER (1990): Hot spots in cold water: Feeding habitat selection by thick-billed murres. Avian Biol. 14: 52–60.
CAIRNS, D.K., K.A. BREDIN & W.A. MONTEVECCHI (1987): Activity budget and foraging ranges of breeding common murres. Auk 104: 218–224.
CARNDUFF, D. (1981): Black guillemots breeding in the inner Clyde estuary. Scott. Birds 11: 195–196.
CZIHAK, G., H. LANGER & H. ZIEGLER (1981): Biologie. Springer. Berlin, Heidelberg, New York.
CODY, M.L. (1973): Coexistence, coevolution and convergent evolution in seabird communities. Ecology 54: 31–44.
CRAMP, S. (1985): Handbook of the Birds of Europe, the Middle East and North Africa. Vol. IV. Terns to Woodpeckers. Academic Press, Oxford.
CRAMP, S., W.R.P. BOURNE & D. SAUNDERS (1974): The Seabirds of Britain and Ireland. Collins, London.
CREELMAN, E. & A.E. STOREY (1991): Sex differences in reproductive behavior of Atlantic puffins. Condor 93: 390–398.
CROLL, D.A., A.J. GASTON & D.G. NOBLE (1991): Adaptive loss of mass in thick-billed murres. Condor 93: 496–502.
CROLL, D.A., A.J. GASTON, A.E. BURGER & D. KONNOFF (1992): Foraging behavior and physiological adaptation for diving in thick-billed murres. Ecology 73: 344–356.
CULIK, B.M. & R.P. WILSON (1993): Die Welt der Pinguine. Überlebenskünstler in Eis und Meer. BLV, München.
DAAN, S. & J. TINBERGEN (1979): Young guillemots (*Uria lomvia*) leaving their arctic breeding cliffs: a daily rhythm in numbers and risk. Ardea 67: 96–100.
DANCHIN, E. & T. BOULINIER (1993): A new hypothesis on the evolution of coloniality in birds. Tagung der Colonial Waterbird Society in Arles.
DAVIS, M.B. & H. GUDERLEY (1987): Energy metabolism in the locomotor muscles of the common murre (*Uria aalge*) and the Atlantic puffin (*Fratercula arctica*). Auk 104: 733–739.
DAY, R.H., A.R. DEGANGE, G.J. DIVOKY & D.M. TROY (1988): Distribution and subspecies of the dovekie in Alaska. Condor 90: 712–714.
DEL HOYO, J., A. ELLIOTT & J. SARGATAL (eds.) (1992): Handbook of the Birds of the World. Vol. 1. Ostrich to Ducks. Lynx Edicions, Barcelona.
DEL HOYO, J., A. ELLIOTT & J. SARGATAL (eds.) (1996): Handbook of the Birds of the World. Vol. 3. Hoatzin to Auks. Lynx Edicions, Barcelona.

DIVOKY, G.J., G.E. WATSON & J.C. BARTONEK (1974): Breeding of the black guillemot in Northern Alaska. Condor 76: 339–343.
DUNNET, G.M., R.W. FURNESS, M.L. TASKER & P.H. BECKER (1990): Seabird ecology in the North Sea. Netherlands J. of Sea Research 26: 387–425.
EVANS, P.G.H. (1981): Ecology and behaviour of the little auk *Alle alle* in West Greenland. Ibis 123: 1–18.
EVANS, P.G.H. & D.N. NETTLESHIP (1985): Conservation of the Atlantic Alcidae. In: NETTLESHIP, D.N. & T.R. BIRKHEAD (eds.): The Atlantic Alcidae. 428–488. Academic Press, London.
EVELEIGH, E.S. & W. THRELFALL (1976): Population dynamics of lice (*Mallophaga*) on auks (*Alcidae*) from Newfoundland. Can. J. Zool. 54: 1694–1711.
FALK, K. & J. DURINCK (1993): The winter diet of thick-billed murres, *Uria lomvia*, in western Greenland, 1988–1989. Can. J. Zool. 71: 264–272.
FLINT, V.E. & A.N. GOLOVKIN (Hrsg.) (1994): Handbuch der Vögel Rußlands und angrenzender Gebiete. Charadriiformes (*Alcae*). Band 6/2. Westarp, Magdeburg.
FREETHY, R. (1987): Auks. An Ornithologist's Guide. Facts on file publications. New York, Oxford.
FRIESEN, V.L., R.T. BARRETT, W.A. MONTEVECCHI & W.S. DAVIDSON (1993): Molecular identification of a backcross between a female common murre x thick-billed murre hybrid and a male common murre. Can. J. Zool. 71: 1474–1477.
FURNESS, R.W (1978): Energy requirements of seabird communities: a bioenergetics model. J. Anim. Ecol. 47: 39–53.
FURNESS, R.W (1990): A preliminary assessment of the quantities of Shetland sandeels taken by seabirds, seals, predatory fish and the industrial fishery in 1981–83. Ibis 132: 205–217.
FURNESS, R.W. & R.T. BARRETT (1985): The food requirements and ecological relationships of a seabird community in North Norway. Ornis Scand. 16: 305–313.
FURNESS, R.W. & T.R. BIRKHEAD (1984): Seabird colony distributions suggest competition for food supplies during the breeding season. Nature 311: 655–656.
FURNESS, R.W. & P. MONAGHAN (1987): Seabird ecology. Tertiary level biology. Blackie, Glasgow, London.
GABRIELSEN, G.W., F. MEHLUM & H.E. KARLSEN (1988): Thermoregulation in four species of arctic seabirds. J. Comp. Physiol B 157: 703–708.
GABRIELSEN, G.W., J.R.E. TAYLOR, M. KONARZEWSKI & F. MEHLUM (1991): Field and laboratory metabolism and thermoregulation in dovekies (*Alle alle*). Auk 108: 71–78.
GANDINI, P., P.D. BOERSMA, E. FRERE, M. GANDINI, T. HOLIK & V. LICHTSCHEIN (1994): Magellanic Penguins (*Spheniscus magellanicus*) affected by chronic petroleum pollution along coast of Chubut, Argentina. Auk 111: 20–27.
GARDARSSON, A. (1995): [Numbers and distribution of common murre *Uria aalge*, thick-billed murre *Uria lomvia*, and razorbill *Alca torda* in Iceland]. Bliki 16: 47–65.
GASTON, A.J. (1985a): Energy invested in reproduction by thick-billed murres (*Uria lomvia*). Auk 102: 447–458.
GASTON, A.J. (1985b): Development of the young in the Atlantic Alcidae. In: NETTLESHIP, D.N. & T.R. BIRKHEAD (eds.): The Atlantic Alcidae: 319–354. Academic Press, London.
GASTON, A.J. (1992): The Ancient Murrelet. Poyser, London.
GASTON, A.J. & M.S.W. BRADSTREET (1993): Intercolony differences in the summer diet of thick-billed murres in the eastern Canadian arctic. Can. J. Zool. 71: 1831–1840.

GASTON, A.J. & R.D. ELLIOT (1996): Predation by ravens *Corvus corax* on Brunnich's guillemot *Uria lomvia* eggs and chicks and its possible impact on breeding site selection. Ibis 138: 742–748.
GASTON, A.J. & P.L. MCLAREN (1990): Winter observations of black guillemots in Hudson Bay and Davis Strait. Avian Biol. 14: 67–70.
GASTON, A.J. & D.N. NETTLESHIP (1981): The thick-billed murres of Prince Leopold Island — a study of the breeding ecology of a colonial high arctic seabird. Canadian Wildlife Service Monograph Series No. 6, Ottawa.
GASTON, A.J. & D.N. NETTLESHIP (1982): Factors determining seasonal changes in attendance at colonies of the thick-billed murre *Uria lomvia*. Auk 99: 468–473.
GASTON, A.J. & S. PERIN (1993): Loss of mass in breeding Brunnich's guillemots *Uria lomvia* is triggered by hatching. Ibis 135: 472–475.
GASTON, A.J., D.K. CAIRNS, R.D. ELLIOT & D.G. NOBLE (1985): A Natural History of Digges Sound. Can. Wildl. Serv. Rep. Ser. No. 46.
GASTON, A.J., L.N. DE FOREST & D.G. NOBLE (1993): Egg recognition and egg stealing in murres (*Uria spp.)*. Anim. Behav. 45: 301–306.
GASTON, A.J., C. EBERL, M. HIPFNER & K. LEFEVRE (1995): Adoption of chicks among thick-billed murres. Auk 112: 508–510.
GIBBONS, D., J.B. REID & R.A. CHAPMAN (eds. 1993): The New Atlas of Breeding Birds in Britain and Ireland 1988–91. Poyser, London.
GLUTZ VON BLOTZHEIM, U.N. & K.M. BAUER (1982): Handbuch der Vögel Mitteleuropas. Bd. 8. Charadriiformes (1. Teil). Akad. Verlagsges., Frankfurt/M.
GOLOVKIN, A.N. (1963): Murre (*Uria* species) and black-legged kittiwake (*Rissa tridactyla*) fish consumption during the nesting period in the Barents Sea. Zoologicheskii Zhurnal 42: 408–416.
GRUNSKY, B. (1994): Trottellummen (*Uria aalge*) in der Brutkolonie auf Helgoland: Anwesenheitsmuster der Altvögel, Bestand und Nahrungsökologie der Jungen. Acta ornithoecol. 3: 33–45.
HAGEMEIJER, E.J.M. & M.J. BLAIR (eds.) (1997): The EBCC Atlas of European Breeding Birds: Their Distribution and Abundance. Poyser, London.
HALLEY, D.J. & M.P. HARRIS (1993): Intercolony movement and behaviour of immature guillemots *Uria aalge*. Ibis 135: 264–270.
HALLEY, D.J., M.P. HARRIS & S. WANLESS (1995): Colony attendance patterns and recruitment in immature common murre (*Uria aalge*). Auk 112: 947–957.
HANEY, J.C. & A.R. SOLOW (1992): Analyzing quantitative relationsships between seabirds and marine resource patches. Curr. Ornithol. 9: 105–161.
HARRIS, M.P. (1978): Supplementary feeding of young puffins, *Fratercula arctica*. J. Anim. Ecol. 47: 15–23.
HARRIS, M.P. (1980): Breeding performance of puffins *Fratercula arctica* in relation to nest density, laying date and year. Ibis 122: 193–209.
HARRIS, M.P. (1984): The Puffin. Poyser, Calton.
HARRIS, M.P. (1989): Variation in the correction factor used for converting counts of individual guillemots *Uria aalge* into breeding pairs. Ibis 131: 85–93.
HARRIS, M.P. & T.R. BIRKHEAD (1985): Breeding ecology of the Atlantic Alcidae. In: NETTLESHIP, D.N. & T.R. BIRKHEAD (eds.): The Atlantic Alcidae: 156–204. Academic Press, London.
HARRIS, M.P. & J.R.G. HISLOP (1978): The food of young puffins *Fratercula arctica*. J. Zool. Lond. 185: 213–236.

HARRIS, M.P. & S. WANLESS (1986a): The food of young razorbills on the Isle of May and a comparison with that of young guillemots and puffins. Ornis Scand. 17: 41–46.

HARRIS, M.P. & S. WANLESS (1986b): A comparison of the biology of the normal and bridled forms of the guillemot *Uria aalge* at a single colony. J. Zool. Lond. 210: 121–130.

HARRIS, M.P. & S. WANLESS (1988): The breeding biology of guillemots (*Uria aalge*) on the Isle of May over a six-year period. Ibis 130: 172–192.

HARRIS, M.P. & S. WANLESS (1989): Fall colony attendance and breeding success in the common murre. Condor 91: 139–146.

HARRIS, M.P. & S. WANLESS (1990): Breeding status and sex of common murres (*Uria aalge*) at a colony in autumn. Auk 107: 603–605.

HARRIS, M.P. & S. WANLESS (1995): Survival and non-breeding of adult common guillemots *Uria aalge*. Ibis 137: 192–197.

HARRIS, M.P., D.J. HALLEY & S. WANLESS (1992): The post-fledging survival of young guillemots *Uria aalge* in relation to hatching date and growth. Ibis 134: 335–339.

HARRIS, M.P., D.J. HALLEY & R.L. SWANN (1994): Age of first breeding in common murres. Auk 111: 207–209.

HARRIS, M.P., S. WANLESS & T.R. BARTON (1996): Site use and fidelity in the common guillemot *Uria aalge*. Ibis 138: 399–404.

HATCHWELL, B.J. (1991a): The feeding ecology of young guillemots *Uria aalge* on Skomer Island, Wales. Ibis 133: 153–161.

HATCHWELL, B.J. (1991b): An experimental study of the effects of timing on the reproductive success of common guillemots *Uria aalge*. J. Anim. Ecol. 60: 721–736.

HEDGREN, S. (1979): Seasonal variation in fledging weight of guillemots *Uria aalge*. Ibis 121: 356–361.

HEDGREN, S. (1980): Reproductive success of guillemots *Uria aalge* on the island of Stora Karlsø. Ornis Fennica 57: 49–57.

HEDGREN, S. (1981): Effects of fledging weight and time of fledging on survival of guillemot *Uria aalge* chicks. Ornis Scand. 12: 51–54.

HEDGREN, S. & A. LINNMAN (1979): Growth of guillemot *Uria aalge* chicks in relation to time of hatching. Ornis Scand. 10: 29–36.

HISLOP, J.R.G., M.P. HARRIS & J.G.M. SMITH (1991): Variation in the calorific value and total energy content of the lesser sandeel (*Ammodytes marinus*) and other fish preyed on by seabirds. J. Zool. Lond. 224: 501–517.

HODDER, J. & M.R. GRAYBILL (1985): Reproduction and survival of seabirds in Oregon during the 1982–1983 El Niño. The Condor 87: 535–541.

HUDSON, P.J. (1979): The parent-chick feeding relationship of the puffin, *Fratercula arctica*. J. Anim. Ecol. 48: 889–898.

HUDSON, P.J. (1982): Nest site characteristics and breeding success in the razorbill *Alca torda*. Ibis 124: 355–359.

HÜLSMANN, H. (1996): „Wasserruf“ junger Trottellummen (*Uria aalge*) auf hoher See. Vogelwarte 38: 250–252.

HÜPPOP, O. (1996): Causes and trends of the mortality of guillemots (*Uria aalge*) ringed on the island of Helgoland, German Bight. Vogelwarte 38: 217–224.

HUNT, G.L., Z.A. EPPLEY & D.C. SCHNEIDER (1986): Reproductive performance of seabirds: the importance of population and colony size. Auk 103: 306–317.

INGOLD, P. (1973): Zur lautlichen Beziehung des Elters zu seinem Küken bei Tordalken (*Alca torda*). Behaviour 45: 154–190.

INGOLD, P. (1980): Anpassungen der Eier und des Brutverhaltens von Trottellummen an das Brüten auf Felssimsen. Z. Tierpsychol. 53: 341–388.

JOHNSON, S.R. & G.C. WEST (1975): Growth and development of heat regulation in nestlings, and metabolism of adult common and thick-billed murres. Ornis Scand. 6: 109–115.

JONES, I.L. (1994): Mass changes of least auklets *Aethia pusilla* during the breeding season: evidence for programmed loss of mass. J. Anim. Ecol. 63: 71–78.

KAMPP, K. (1990): The thick-billed murre population of the Thule district, Greenland. Arctic 43: 115–120.

KAMPP, K., H. MELTOFTE & C.E. MORTENSEN (1987): Population size of the little auk *Alle alle* in East Greenland. Dansk. Orn. Foren. Tidsskr. 81: 129–136.

KAMPP, K., D.N. NETTLESHIP & P.G.H. EVANS (1994): Thick-billed murres of Greenland: status and prospects. In: NETTLESHIP, D.N., J. BURGER & M. GOCHFELD (eds.): Threats, Case Studies and Action Plans. BirdLife Conservation Series 1: 133–154.

KARTASCHEW, N.N. (1960): Die Alkenvögel des Nordatlantiks. NBB 257, Wittenberg, Lutherstadt.

KONARZEWSKI, M. & J.R.E. TAYLOR (1989): The influence of weather conditions on growth of little auk *Alle alle* chicks. Ornis Scand. 20: 112–116.

KONARZEWSKI, M., J.R.E. TAYLOR & G.W. GABRIELSEN (1993): Chick energy requirements and adult energy expenditures of dovekies (*Alle alle*). Auk 110: 343–353.

KOSTRZEWA, R. & A. KOSTRZEWA (1994): Reiseführer Natur — Schottland mit England und Wales. BLV, München.

KUSHLAN, J.A. (1986): Colonies, sites, and surveys: the terminology of colonial waterbird studies. Colonial Waterbirds 9: 119–120.

LACK, D. (1968): Ecological Adaptations for Breeding in Birds. Methuen, London.

LAKHANI, K.H. & I. NEWTON (1983): Estimating age-specific bird survival rates from ring recoveries. — Can it be done? J. Anim. Ecol. 52: 83–91.

LLOYD, C.S. (1977): The ability of the razorbills *Alca torda* to raise an additional chick to fledging. Ornis Scand. 8: 155–159.

LLOYD, C.S. (1979): Factors affecting breeding of razorbill *Alca torda* on Skokholm. Ibis 121: 165–176.

LLOYD, C.S., M.L. TASKER & K. PARTRIDGE (1991): The Status of Seabirds in Britain and Ireland. Poyser, London.

LOCKLEY, R.M. (1934): On the breeding-habits of the puffin: with special reference to the incubation- and fledging-period. British Birds 27: 214–223.

LYNGS, P.& K. KAMPP (1996): Ringing recoveries of razorbills *Alca torda* und guillemots *Uria aalge* in Danish waters. Dansk. Orn. Foren. Tidsskr. 90: 119–132.

MAKATSCH, W. (1974): Die Eier der Vögel Europas. Band 1. Neumann-Neudamm, Melsungen.

MEHLUM, F. & V. BAKKEN (1994): Seabirds in Svalbard (Norway): status, recent changes and management. In: NETTLESHIP D.N., J. BURGER & M. GOCHFIELD (eds.): Seabirds on Islands. Threats, Case Studies and Action Plans. BirdLife Conservation Series 1.

MOEN, S. (1991): Morphologic and genetic variation among breeding colonies of the Atlantic puffin (*Fratercula arctica*). Auk 108: 755–763.

MONAGHAN, P., P. WALTON, S. WANLESS, J.D. UTTLEY & M.D. BURNS (1994): Effects of prey abundance on the foraging behaviour, diving efficiency and time allocation of breeding guillemots *Uria aalge*. Ibis 136: 214–222.

MONTEVECCHI, W.A. & J.F. PIATT (1987): Dehydration of seabird prey during transport to the colony: effects on wet weight energy densities. Can. J. Zool. 65: 2822–2824.

MURPHY, E.C. & J.H. SCHAUER (1994): Numbers, breeding chronology, and breeding success of common murres at Bluff, Alaska, in 1975–1991. Can. J. Zool. 72: 2105–2118.

MYRBERGET, S. (1962): Undersøkelser over forplantnings biologien til lunde. Egg, ruging og under. Meddelelser fra Statens Viltundersøkelser 2: 1–51.

NATIONAL GEOGRAPHIC SOCIETY (1994): Field Guide to the Birds of North America. 2. Auflage. 6. Nachdruck. Washington.

NEEF, E. (Hrsg.) (1977): Das Gesicht der Erde. Harri Deutsch Verlag, Frankfurt/M.

NELSON, B. (1978): The Gannet. Poyser, Berkhamsted.

NETTLESHIP, D.N. (1972): Breeding success of the common puffin (*Fratercula arctica L.)* on different habitats at Great Island, Newfoundland. Ecol. Monographs 42: 239–268.

NETTLESHIP, D.N. & T.R. BIRKHEAD (eds.) (1985): The Atlantic Alcidae. Academic Press, London.

NETTLESHIP, D.N. & P.G.H. EVANS (1985): Distribution and status of the Atlantic Alcidae. In: NETTLESHIP, D.N. & T.R. BIRKHEAD (eds.): The Atlantic Alcidae: 54–154. Academic Press, London.

NORDERHAUG, M. (1970): The role of the little auk *Plautus alle* (L.) in arctic ecosystems. In: M.W. HOLDGATE (ed.): Antarctic Ecology. Vol. 1: 558–560. Academic Press, London.

PETERSEN, A. (1981): Breeding Biology and Feeding Ecology of Black Guillemots. D. Phil. thesis, Univ. Oxford.

PETERSEN, A. (1994a): Status and population changes of auks in Iceland. Circumpolar Seabird Bulletin 1: 4–8.

PETERSEN, A. (1994b): Potential mortality factors of auks in Iceland. Circumpolar Seabird Bulletin 1: 3–4.

PIATT, J.F. (1997): Alternative interpretations of oil spill data. BioScience 47: 202–203.

PIATT, J.F. & D.N. NETTLESHIP (1985): Diving depths of four alcids. Auk 102: 293–297.

PIATT, J.F., C.J. LENSINK, W. BUTLER, M. KENDZIOREK & D.R. NYSEWANDER (1990): Immediate impact of the 'Exxon Valdez' oil spill on marine birds. Auk 107: 387–397.

RENAUD, W.E., P.L. MCLAREN & S.R. JOHNSON (1982): The dovekie *Alle alle* as a spring migrant in eastern Lancaster Sound and western Baffin Bay. Arctic 35: 118–125.

RHEINWALD, G. (1982): Brutvogelatlas der Bundesrepublik Deutschland. Kartierung 1980. Schriftenreihe des DDA 6.

RHEINWALD, G. (1993): Atlas der Verbreitung und Häufigkeit der Brutvögel Deutschlands. Kartierung um 1985. Schriftenreihe des DDA 12.

ROBY, D.D., K.L. BRINK & D.N. NETTLESHIP (1981): Measurements, chick meals and breeding distribution of dovekies *Alle alle* in northwest Greenland. Arctic 34: 241–248.

RÜPPELL, G. (1980): Vogelflug. Rowohlt, Hamburg.

RUSSELL, J. & W.A. MONTEVECCHI (1996): Predation on adult puffins *Fratercula arctica* by great-backed gulls *Larus marinus* at a Newfoundland colony. Ibis 138: 791–794.

SALOMONSEN, F. (1944): The Atlantic Alcidae. The seasonal and geographical variation of the auks inhabiting the Atlantic Ocean and adjacent waters. Göteborgs Kungliga Vetenskaps- och Vitterhets-Samhälles Handlingar, Serie B 3(5): 1–138.

SALOMONSEN, F. (1965): The geographical variation of the fulmar (*Fulmarus glacialis*) and the zones of marine environment in the North Atlantic. Auk 82: 327–355.

SCHNEIDER, D.C. (1997): Habitat selection by marine birds in relation to water depth. Ibis 139: 175–178.

SEALY, S.G. (1973): Adaptive significance of post-hatching developmental patterns and growth rates in the Alcidae. Ornis Scand. 4: 113–121.

SEALY, S.G. (1975): Egg size of murrelets. Condor 77: 500–501.

SEALY, S.G. (1990): Auks at Sea: Prospects for future research. Avian Biol. 14: 1–6.

SEALY, S.G., J. BÉDARD & M.D.F. UDVARDY (1971): New records and zoogeographical notes on the birds of St. Lawrence Island, Bering Sea. Condor 73: 322–336.

SHARP, B.E. (1996): Post-release survival of oiled, cleaned seabirds in North America. Ibis 138: 222–228.

SLATER, P.J.B. (1980): Factors affecting the numbers of guillemots *Uria aalge* present on cliffs. Ornis Scand. 11: 155–163.

SPEAR, L.B. (1993): Dynamics and effect on Western Gulls feeding in a colony of guillemots and Brant's cormorants. J. Anim. Ecol. 62: 399–414.

SPEAR, L.B. & D.G. AINLEY (1997a): Flight behaviour of seabirds in relation to wind direction and wing morphology. Ibis 139: 221–233.

SPEAR, L.B. & D.G. AINLEY (1997b): Flight speed of seabirds in relation to wind speed and direction. Ibis 139: 234–251.

SPRING, L. (1971): A comparison of functional and morphological adaptations in the common murre (*Uria aalge*) and thick-billed murre (*Uria lomvia*). Condor 73: 1–27.

STEMPNIEWICZ, L. (1980): Breeding biology of the little auk *Plautus alle* in the Hornsund region, Spitsbergen. Acta Orn. 18: 141–165.

STEMPNIEWICZ, L. & J. JEZIERSKI (1987): Incubation shifts and chick feeding rate in the little auk *Alle alle* in Svalbard. Ornis Scand. 18: 152–155.

STERR, H. & K. SCHMIDT (1995) Auswirkungen des Klimawandels auf den deutschen Küstenraum. Geographische Rundschau 47: 105–112.

STRAUCH, J.G. (1985): The phylogeny of the Alcidae. Auk 102: 520–539.

TASKER, M.L., P.H. JONES, T.J. DIXON & B.F. BLAKE (1984): Counting seabirds at sea from ships: a review of methods employed and a suggestion for a standardized approach. Auk 101: 567–577.

TASKER, M.L., A. WEBB, A.J. HALL, M.W. PIENKOWSKI & D.R. LANGSLOW (1987): Seabirds in the North Sea. Nature Conservancy Council.

TAYLOR, J.R. E. & M. KONARZEWSKI (1989): On the importance of fat reserves for the little auk (*Alle alle*) chicks. Oecologia 81: 551–558.

TULL C.E. & P. GERMAIN (1972): Mortality of thick-billed murres in the West Greenland salmon fishery. Nature 237: 42–44.

TSCHANZ, B. (1959): Zur Brutbiologie der Trottellumme (*Uria aalge aalge* Pont.). Behaviour 14: 1–100.

TSCHANZ, B. (1968): Trottellummen. Die Entstehung der persönlichen Beziehung zwischen Jungvogel und Eltern. Parey, Berlin, Hamburg.

TSCHANZ, B. (1979): Zur Entwicklung von Papageitaucherküken *Fratercula arctica* in Freiland und Labor bei unzulänglichem und ausreichendem Futterangebot. Cinclus 2: 70–94.

UDVARDY, M.D.F. (1963): Zoogeographical study of the Pacific Alcidae. In: J.L. GRESSIT (ed.): Pacific Basin Biogeography: A Symposium: 85–111. Bishop Museum Press, Honolulu.

UTTLEY, J.D., P. WALTON, P. MONAGHAN & G. AUSTIN (1994): The effects of food abundance on breeding performance and adult time budgets of guillemots *Uria aalge*. Ibis 136: 205–213.

VADER, W., R.T. BARRETT, K.E. ERIKSTAD & K.-B. STRANN (1990): Differential responses of common and thick-billed murres to a crash in the capelin stock in the Southern Barents Sea. Avian Biol. 14: 175–180.

VONGRAVEN, D., F.J. AARVIK & C. BECH (1987): Body temperature of puffin *Fratercula arctica* chicks. Ornis Scand. 18: 163–167.

WAGNER, R.H. (1992a): Confidence of paternity and parental effort in razorbills. Auk 109: 556–562.

WAGNER, R.H. (1992b): Mate guarding by monogamous female razorbills. Anim. Behav. 44: 533–538.

WANLESS, S. & P. HARRIS (1988): The importance of relative laying date on breeding success of the guillemot *Uria aalge*. Ornis Scand. 19: 205–211.

WARD, P. & A. ZAHAVI (1973): The importance of certain assemblages of birds as „Information-Centres“ for food-finding. Ibis 115: 517–534.

WEHRLIN, J. (1977): Verhaltensanpassungen junger Trottellummen (*Uria aalge aalge* Pont.) aus Felsklippen- und Koloniebruten. Z. Tierpsychologie 44: 45–79.

WIENS, J.A. (1996): Oil, seabirds, and science. The effects of the Exxon Valdez oil spill. BioScience 46: 587–597.

WIENS, J.A. & J.M. SCOTT (1975): Model estimation of energy flow in Oregon coastal seabird populations. Condor 77: 439–452.

WILLIAMS, A.J. (1974): Site preferences and interspecific competition among guillemots *Uria aalge* (L.) and *Uria lomvia* (L.) on Bear Island. Ornis Scand. 5: 113–121.

WILLIAMS J.M., M.L. TASKER, I.C. CARTER & A. WEBB (1995): A method of assessing seabird vulnerability to surface pollutants. Ibis 137 Supplement I.: 147–152.

WILSON, R.P., K. HUSTLER, P.G. RYAN, A.E. BURGER & E.C. NÖLDEKE (1992): Diving birds in cold water: do Archimedes and Boyle determine energetic costs? American Naturalist 140: 179–200.

WINN, H.E. (1950): The black guillemots of Kent Island, Bay of Fundy. Auk 67: 477–485.

WITTENBERGER, J.F. & G.L. HUNT (1985): The adaptive significance of coloniality in birds. In: FARNER, D.S., J.R. KING & K.C. PARKES (eds.): Avian Biology. Vol. 8: 1–78. Academic Press, Orlando.

9 Appendix

Appendix 1: Die 22 heute lebenden Alkenarten. Abkürzungen: P = Vorkommen im Nordpazifik, A = im Nordatlantik.

	Deutsch	wissenschaftlich	Englisch
A	Krabbentaucher	*Alle alle*	Dovekie
A+P	Trottellumme	*Uria aalge*	Common Guillemot /C. Murre
A+P	Dickschnabellumme	*Uria lomvia*	Thick-billed Guillemot
A	Tordalk	*Alca torda*	Razorbill
A	Gryllteiste	*Cepphus grylle*	Black Guillemot
P	Taubenteiste	*Cepphus columba*	Pigeon Guillemot
P	Brillenteiste	*Cepphus carbo*	Spectacled Guillemot
P	Marmelalk	*Brachyramphus marmoratus*	Marbled Murrelet
P	Kurzschnabelalk	*Brachyramphus brevirostris*	Kittlitz's Murrelet
P	Lummenalk	*Synthiliboramphus hypoleucus*	Xantus's Murrelet
P	Craverialk	*Synthiliboramphus craveri*	Craveri's Murrelet
P	Silberalk	*Synthiliboramphus antiquus*	Ancient Murrelet
P	Japanalk	*Synthiliboramphus wumizusume*	Japanese Murrelet
P	Aleutenalk	*Ptychoramphus aleuticus*	Cassin's Auklet
P	Rotschnabelalk	*Cyclorrhynchus psittacula*	Parakeet Auklet
P	Schopfalk	*Aethia cristatella*	Crested Auklet
P	Bartalk	*Aethia pygmaea*	Whiskered Auklet
P	Zwergalk	*Aethia pusilla*	Least Auklet
P	Nashornalk	*Cerorhinca moncerata*	Rhinoceros Auklet
A	Papageitaucher	*Fratercula arctica*	Atlantic Puffin
P	Hornlund	*Fratercula corniculata*	Horned Puffin
P	Gelbschopflund	*Fratercula cirrhata*	Tufted Puffin

Appendix 2: Maße und Massen der nordatlantischen Alken.

	Tordalk	**Trottellumme**	**Dickschnabellumme**	**Krabbentaucher**	**Gryllteiste**	**Papageitaucher**
Körperlänge	37–39 cm	38–43 cm	39–43 cm	17–19 cm	30–32 cm	26–36 cm
Flügelspannweite	66,1 cm	73 cm	72,7 cm	40–48 cm	52–58 cm	54,9 cm
Flügelfläche	462 cm^2	560 cm^2	560 cm^2	?	?	369 cm^2
Flächenbelastung	132 N/m^2	184 N/m^2	182 N/m^2	?	?	106 N/m^2
Flügelstreckung	9,5	9,5	9,5	?	?	8,2
Fluggeschw. über Grund	?	14,7–22,3 m/s	?	?	?	14,6–19,4 m/s
Adultmasse	524–890 g	945–1044 g	810–1080 g	140–192 g	450–550 g	460 g
Eimasse	90 g	108 g	105 g	28 g	50 g	64 g
in % Weibchenmasse	14 %	12 %	10–12 %	19 %	12–13 %	14–16 %
Schlupfmassse	60 g	55–95 g	65–70 g	21 g	40 g	48 g
Ausfliegemasse	157 g	215 g	200 g	114 g	353 g	290 g
in % Adultmasse	25 %	25 %	22 %	71 %	88 %	78 %

Quellenangaben:

Körperlänge, Flügelspannweite von Krabbentaucher und Gryllteiste, Adultmasse und Schlupfmasse nach DEL HOYO et al. (1996); Flügeldaten weitgehend nach SPEAR & AINLEY (1997a); Fluggeschwindigkeit nach SPEAR & AINLEY (1997b); Eimasse nach CRAMP (1985); Eimasse in % Weibchenmasse, % Ausfliegemasse in g und in % der Adultmasse nach BIRKHEAD & HARRIS (1985); ? keine Angaben.

Appendix 3: Habitat, Nahrung und Brutbiologie der nordatlantischen Alken.

	Tordalk	**Trottellumme**	**Dickschna-bellumme**	**Krabben-taucher**	**Gryllteiste**	**Papagei-taucher**
Verbreitung der Kolonien (vgl. Abb.1.1)	boreal-subarktisch	boreal-subarktisch	subarktisch-arktisch	arktisch	boreal-arktisch	boreal-subarktisch
Nahrungsgebiet	offenes Meer	offenes Meer	offenes Meer	offenes Meer	Küstennähe, Fjørde, Buchten	offenes Meer
Nahrung	Fisch	Fisch	Fisch, Plankton	Plankton	Fisch	Fisch
Brutplatztyp	Klippe, Fels-spalte	Klippe	Klippe	Felsspalte, Höhle	Höhle, Spalten, künstl. Nisthilfen,	Höhlen
Nestbau	nein	nein	nein	nein	nein	ja
Gelegegröße	1	1	1	1	2	1
Brutfleck	1	1	1	2	2	2
Inkubationszeit	35 Tage	32 Tage	32 Tage	29 Tage	34 Tage	40 Tage
Nestlingszeit	17 Tage	21 Tage	21 Tage	27 Tage	28 Tage	38 Tage

Quellenangaben:

Verbreitungsangaben nach NETTLESHIP & EVANS (1985)
Gelegegröße nach DEL HOYO et al. (1996)
Brutfleckangaben nach STRAUCH (1985)
Inkubations- und Nestlingszeit nach BIRKHEAD (1993)

10 Register

Quellenhinweis: Die Grafiken 3.21 und 4.4 wurden mit freundlicher Genehmigung des Autors übernommen aus: Birkhead, Tim: Great Auk Islands. 1993 by T & A D Poyser Ltd, London; (z. T. verändert).